in Action!
使用的書

in Action!
使用的書

| 全新增訂版＋資安風險升級主題 |

鋼索上的管理課

韌性與敏捷管理的洞見與實踐

2023 ISC2 亞太資安人獎得主　吳明璋　著

2023 ISC2 Global Achievement Awards / APAC Mid-Career Award　Bright Wu

THE LEADERSHIP TIGHTROPE

BEST AND WORST PRACTICES OF AGILE AND RESILIENT MANAGEMENT

增訂版推薦書評

王价巨／銘傳大學建築學系教授，行政院災害防救專家諮詢委員會委員

不管面對風險或危機，天然災害或人為事故，「韌性管理」的前瞻性思考逐步成為整合性的專門領域知識，因應能力、調適能力到轉型能力的建構已是當代從個人到組織的基礎工程。本書適時串接了趨勢課題，釐清重要觀念，值得一讀。

吳相勳／元智大學助理教授兼管理才能發展研究中心主任

近年來，隨著國際局勢動盪不安，企業經營面臨前所未有的挑戰，風險管理的重要性也日益凸顯。本書作者吳明璋先生，長年深耕於風險管理領域，近年來更是不遺餘力地將這些觀念推廣給企業高階管理人員，而本書正是他多年來研究與實務經驗的集大成。

吳明璋先生在書中深入淺出地解釋了風險管理的各個面向，並輔以許多經典案例，讓讀者更容易理解這些觀念如何在實際情況中應用。特別值得一提的是，作者最近與我合寫了台灣第一篇運用本書架構應對的資安短個案，廣泛受到企業主、專業經理人歡迎。該案例充分證明了本書所提出的架構不僅具有理論價值，更具有極高的實用性

和落地性。

本書不僅適合企業高階管理人員閱讀，也適合所有對於風險管理議題感興趣的讀者。相信透過本書的引導，讀者將能建立起更完善的風險管理思維，並將其應用於工作和生活中，從容應對各種挑戰。

吳啟文／NICS 國家資通安全研究院副院長

「CrowdStrike 事件」*凸顯企業在面臨無預期的緊急應變下，資安營運持續計劃（BCP）的重要性。本書以豐富的工安、資安實例，提醒主管在處理災害管理的陷阱與迷思。

*按：意指本書出版前夕的 7 月 19 日，全球企業在更新網路安全公司 CrowdStrike 解決方案後，導致 Windows 作業系統運作中斷，電腦顯示藍白畫面或恢復中（Recovery）介面。這起事件波及多個行業，造成眾多服務中斷，如航空業、銀行、酒店、醫院、證券市場、廣播電視，電子支付和緊急服務均受到影響。在全球範圍內造成數十億美元損失。

李蔡彥／政治大學校長

面對 VUCA 時代複雜與未知挑戰，企業組織的韌性與永續儼如當代顯學。本書博採理論、跨域融通，透過不同樣態的實務及個案分

析，帶領讀者洞悉風險、自我省察，做好嚴陣以待不被攻略的準備。本版尤以關注資安議題的更新，不啻與時俱進的經管寶典。

林儒明／世界銀行首席資訊安全長

《鋼索上的管理課》是一本深入探討企業如何在當今多變的環境中培養韌性與敏捷性的書籍，深度探討企業如何在當今多變且充滿挑戰的環境中，培養韌性與敏捷性。

首先，作者吳明璋透過豐富的實務經驗，詳細解釋了如何將風險管理、營運持續與災後復原策略融入企業的日常運營中，幫助讀者在面臨危機時做出更明智的決策。其次，吳明璋闡述了敏捷管理的理論框架，更以具體案例展示了如何在實踐中有效應對變化。這對於企業領導者在面對快速變化的需求和市場壓力時，提供了實用的操作指南。最後，隨著資安威脅的日益複雜，本書提供了最新的國際標準與實務經驗，特別是在應對勒索軟體攻擊、供應鏈管理和系統老化方面，為讀者提供了前瞻性的管理策略。

總體而言，《鋼索上的管理課》不僅適合管理階層，也對所有關心風險管理與企業永續發展的專業人士而言，是一本極具價值的參考書籍。

杜戀之（Mathieu Duchâtel）
／法國蒙田研究所國際研究總監（Director of International Studies, Institut Montaigne）

在新的資訊安全挑戰和地緣政治風險不斷上升的時代，本書是一本必讀的資源，讓您對韌性管理有實用的見解。

> What about Bright Wu's book is a must read resource for practical insights into resilience management in an era of new information security challenges and rising geopolitical risks.
>
> *Mathieu Duchâtel, Director of International Studies,*
> *Institut Montaigne (France).*

喬爾・班克羅福特-康納斯（Mr. Joel Bancroft-Connors）
／敏捷管理（Agile）專家

我是企業教練喬爾・班克羅夫特-康納斯。當《鋼索上的管理課》一書作者明璋詢問我是否願意爲他的新書作評介時，我感到非常榮幸。

我在2023年擔任「敏捷CEO獎」的評審時，見證了台灣的CEO與企業在創造可持續價值和組織方面的成果，也對這兒的人民和公司在這方面議題的努力有了新的認識。

台灣社會文化中的韌性、創新和適應的精神都體現了我在敏捷和Scrum課程中教授的東西。

因此，當我有機會受邀引介明璋的書時，我自然迫不及待地要跟各位推薦了。

隨著我們世界中VUCA（易變性、不確定性、複雜性、模糊性）不斷加快，我們在商業模式中迅速做出改變的能力變得至關重要。同時，我們得最大限度地提高安全準備，並確保應對突發事件的能力也要加速提升。

吳明璋在書中提出了「韌性管理」的概念，這是敏捷開發、智慧商業實踐、風險管理及復原實踐的交集。這個概念強調，災難即使不比商業競爭對手更有敵意，至少也是同等程度的敵人。韌性管理也促使我們認識，我們不僅能夠預防災難，還能事先備妥良好的應急措施。面對未預期的事件，我們需要一種系統思維方法，從識別到預防，再到應對，最終實現復原。

我將這本書視爲「技術債」（Technical Debt）的概念，以投入短期利潤交換長期可持續性，並將其提升爲整個組織乃至行業的系統思維方法。

我期待這本書之後也會有英文版本，這樣我就可以將它放在我的書架上，與《轉變》、《精實創業》及《鳳凰計劃》等作品並列。

Hello, I'm Joel Bancroft-Connors, the Gorilla Coach.

I was honored when Ming-Chang(Bright) Wu asked me if I would review The Leadership Tightrope.

Having been a judge for the 2023 Agile CEO awards, where Taiwan CEOs and businesses were showcased in their work to create sustainable value and organizations, I developed a new appreciation for the work being done by the people and businesses of Taiwan. In the Taiwanese culture, a spirit of resiliency, innovation, and adaptation embodies everything I teach in my Agile and Scrum classes.

So, when the opportunity to review Mr Wu's work came along, I naturally jumped at it.

With the ever-increasing speed of VUCA in our world, the ability to make rapid changes in our business models is critical. At the same time, ensuring we maximize safety and the ability to respond to unplanned events is likewise accelerating.

Mr. Wu introduces the idea of Resilience Management, the

intersection of Agile development, smart business practices, risk management, and recovery practices. It recognizes that disaster is as much the enemy, if not more, than the business competitor. Resilience Management recognizes that we can not only prevent disasters but also be content with good responses. We need a systems thinking approach to unplanned events, from identification to prevention to response, and finally, recovery.

I think of this book as taking the concept of Technical Debt, trading short-term benefits for long-term sustainability, and moving it up to a systems thinking approach across the entire organization and even industries.

I look forward to the eventual English translation of this book so I can put it on my shelf next to works like Switch, The Lean Startup, and The Phoenix Project.

Joel Bancroft-Connors,
Certified Scrum Trainer, the Gorilla Coach.

克拉爾・羅梭（**Ms. Clar Rosso**）
／**國際資訊系統安全認證協會**（ISC2）**執行長**

ISC2 認可資安人的專業知識，以建構具有韌性和敏捷的資安策略；它不僅能保護我們的資訊和關鍵資產，還推動創新、驅動全球數位經濟的發展，並捍衛我們的國家。

It's (ISC2) about recognizing your expertise to build resilience and agile security strategies that not only protect our data and critical assets, but also are empowering innovation and driving our global digital economy and defending our nations.

Clar Rosso, CEO, ISC2.

韌性為複雜善變年代的生存法則

　　請容我向「哆啦A夢」借任意門，時光倒回2018年本書首版的出版幕後花絮。

　　當時我趁著轉換工作的空檔，將災害管理前中後階段實務經驗化為文字，並嘗試跟合作過的出版社聯繫出版可能，大多數的回應是風險管理與韌性（Resilience）管理議題太專太新太冷門，所以「謝謝再聯絡」。由於我也曾擔任過行銷企劃工作，可以理解出版業績的壓力。

　　吃了多次閉門羹後，鄭俊平先生敞開大門，接受我的提案。在出版會議後，鄭總編還送我數本出版社的書籍。他示意我可以參考這些書籍介紹性文章，將生硬的內容寫些通俗性的文章。儘管內心本已經處於交稿的狀態，但後續又補充了約萬字文稿，以生活故事闡述風險背後的邏輯後付梓出版。

　　這五年來，我因為這本書也經歷了未曾有過的經驗。如：國家文官學院（2020）、全國科學技術會議（2020）等場合的發表與分享。

這五年地球村中的我們也共同歷經了全球Covid（新冠）疫情前後的社會劇變，「韌性」因此躍升為國際產、官、學、研的顯學（見附錄國際韌性研究整理）。當鄭總編2023年底邀我為本書新版增益內容時，我沒有多加考慮就答應了。

以下讓我說說過去這五年各種國際事件、在地行動於本書主題裡的「微縮影」吧。

全球鉅變、在地觀點：「超乎常理的變動」成為疫後新常態

從本書付梓至今，詭譎多變的國際社會局勢與氣候異常遠遠超過一般人的想像。中美貿易戰（2018至今）、巴黎聖母院大火（2019）、新冠疫情（2020-2023）、全球供應鏈中斷（2020-2022）、美國「零元購」（Zero-dollar Shopping，2020／2021-）、疫後罷工（2022／2023）、俄烏戰爭（2022-）、台海軍演（2022-）、歐洲乾旱（2022／2023）、美國野火（2022／2023）、中國東北洪災（2023）、夏威夷火災（2023）、以巴戰爭（2023-），台灣0403地震（2024）、CrowdStrike造成全球當機事件（2024），以及數不清氣候異常與重大資安事件，使得「韌性」成為疫後社會與商業鉅變後的生存焦點。

在疫情期間，全球供應鏈中斷與在地人力短缺造成各國通膨的壓力。根據中華經濟研究院引述標普全球（S&P Global）資料，2022年全球通貨膨脹率7.60%，開發中國家處於約兩倍的高檔，為14.94%。而標普全球在2024年1月發布的預測，去年（2023）全球通貨膨脹率約5.60%，今年（2024）預測為4.60%。

即便是疫後兩年，今年（2004）各國經濟展望仍是起伏多變。中華經濟研究院分析全球需求仍處於低迷，美國、中國、日本、歐元區預估2024年經濟成長趨於保守，較去年度減緩。拜供應鍊重組之賜，東南亞地區的外資持續升溫，則可望帶動部分地區（如台灣與南韓）的經濟成長。

三個「韌性」閱讀的心得

在「韌性」一詞尚未普及，本書首版有幸獲選為2020年國家文官學院7月選書，我也榮幸擔任本書前版閱讀心得的評審，展開全國公務機關與公營事業眼中的韌性之旅……。

欣喜的是，這些心得投稿者還具備多樣化的實務背景，他們將其穿插在文章前言（如遊樂區資訊系統）、自身業務經驗（如醫院、勞動檢查、校園輔導等）、演練情境（如醫院、文化單位重大車禍），以及

案例（如韌性台灣政策）。

投稿者們各自發展了自己的韌性創見，他們的個人論述與實務的驗證也是我學習到的心得。我曾就這次經驗發表在《工商時報》，在此摘取三大重點並適度編修，作為補充本書新版強調風險偏見、溝通與實務對話的重要性：

1)「比喻」為風險溝通之媒介

在風險溝通上，這種媒介通常被忽略、實為非常重要的角色。除引用黑天鵝、灰犀牛等社會大眾熟知的比喻，投稿者以個人巧思「設計」出了不同的比喻（如：風起電影、扁鵲故事、韌性像肌肉等），這皆有助於與**利害關係人**溝通風險的特性。

即使找不到恰當的比喻，投稿者也運用另一種媒介探討為何政府需要韌性管理。有人提到，**被動式與穩健的組織**為政府在面對風險管理的盲點。這類的形容詞也有助於我們理解投稿者所處場域的限制。

2)「弦外之音」為創見之基礎

讀懂本書初版的「弦外之音」並非易事，往往也是投稿者發展個人創見的第一步。除了深刻的體悟，還要有細膩的觀察，以破除社會一些「想當然爾」的原有觀念。

有些投稿者會這樣闡述書中欲表達的弦外之音，例如：

對於一般人來說，危機一詞「太過沉重且正式」。如今，新的思維「韌性管理」採行了前瞻性思考，爲一門綜合專門領域知識。在這個多面向的實務取向，強調時間動態、資源組態與人員心態之管理學專論。尤其是涉及管理的部分，韌性是當責也是承擔。及至應變人員專業能力的養成，如訓練或演練，就非常重要。透過平日的演練，「直視惡魔的眼睛」。不管準備多繁複，也不能輕易被捨棄。因爲錯誤總會發生，災變發生後最重要的課題爲「減損」。針對政府單位忽略風險移轉與減損加強準備，培養領導者與團隊韌性能力，以避免陷入自身舊框架的限制。

很多投稿者融會貫通本書的主要觀念後，點出了政府機關的文化思維，據此提出改善建議之道。我身爲作者，頗有「跨域遇知音」的心領神會。

3）實務為論述的驗證之地

這些弦外之音或許點出投稿者反芻了國內現象之後產生的結論，但就像某投稿者提出「以失敗爲師」的主張，但這需要更多故事、實務與案例來支持投稿者提出的創見。

韌性其實也是跨域的實務積累。從實務案例中發展新的理論框

架，爲韌性管理提供洞見與視野（見附錄國際韌性研究整理）。缺乏實務案例，論述就像是眞空狀態下生物，成爲無生命的化石標本。卽便是考古學家，也會仔細整理化石周遭的生物與土地肌理，呈現當時生活生存的多重樣貌。

另外，許多投稿文章混淆了「韌性」與「永續」（ESG）兩個觀念。儘管韌性起源自於生態學，但韌性是從風險管理學、組織管理學發展出實務性的應用。2020年，美國《彭博商業周刊》（*Bloomberg Businessweek*）專文探討過在疫情之下，「風險管理專業經理人」已成爲美國熱門行業。除了風險管理的趨吉避凶，存活後的重生新生便是韌性管理面臨的生存議題。

若我們回到企業經營的「底線」（Bottomline）思維：如果企業都沒有明天，哪來的餘裕推動永續？**從風險管理的角度，組織韌性才正是企業永續之本。**

四年前，我有幸參與2020全國科學技術會議，當時政府各部會主題都已圍繞在韌性。

從該次會議議題文稿中可見，韌性已成爲跨部會的策略主軸之一。在科研與前瞻的議題，發展強化科技風險評估策略；在經濟與創新的議題，發展以智慧應用提升韌性、接軌國際完善資安體系及提高

能源整合電網韌性；在安心社會與智慧生活議題，強調打造堅韌安全之智慧國家、完善調適精進災害預警、環境智慧打造韌性城市，以及整備網絡奠基智慧生活。

根據上述跨部會策略，我在會議中建議將「韌性教育」納入國家人才培育策略。目前韌性教育並非學校教育的主流，很難為學生培養因應未來多變環境的領導者。**而過去在殺價競爭的壓力之下，台灣企業不斷地壓低風險管理的費用與支出。除非在客戶合約的要求之下，風險管理成為 OEM 代工模式下的「奢侈品」，更不用提韌性。**

不論是聯合國經濟合作發展組織（OECD）因應韌性社會來臨、或許多國際領導者對於韌性教育的承諾，還是世界經濟論壇「HR 4.0」議題，這些都彰顯國際韌性教育的重要性。因應未來國內科研、政策與產業所需，國內韌性教育也將有助於培養專業人才之國際競爭力。

新版對資安與敏捷主題的更新

由於這幾年歷經了「新冠」疫情管制的歷史，我結合國際時事、韌性管理觀念與時俱進的發展，陸續發表了中英日 30 餘篇文章。除整合過去的新作品、並為本書重寫新的內容，尤其主要更新了敏捷韌性與資安議題的論述。

資安議題發展一日千里，故成爲本書新版更新的重點。本書新版已移除舊版附錄的「中小企業版數位韌性規劃」，它無法因應當今複雜的資安議題。本版更新簡介美國「國家標準技術研究所」（NIST）「網路安全管理架構」產業標準（CSF）第2.0版，不僅強化資安治理與供應鍊管理，也適用於中小企業規模。再者，延伸第一版「預防無效論」（前譯爲「預防無用論」）的背景、因應與後續發展；也增加國際資安標準簡介內容，以及勒索軟體、老舊系統與密碼管理等頭痛議題，以及面臨供應鍊與跨部門資安議題的挑戰。

尤其，本書特別關心「資安」與「工安」的跨域風險管理交流。舉例來說，國際資安工控標準ISA／IEC 62443增加安全（Safety）維度。本書初版前言引述Gartner（2015）建議實體安全（或工安）納入2020資安情境，五年後Gartner（2020）CEO大調查發現，2024年之前資安與實體事件造成的巨大財務風險將成爲CEO「個人擔責」（Personally Liable）。最後，非資安、風險管理背景的上市櫃董監事與專業經理人也是本次新版特別關注的讀者，我也增加了管理角度出發的資安議題、背景性觀念。

筆者有幸於2023年取得國際敏捷證照（SCRUM Master），本書新版還增加了敏捷議題，希望解決層級組織因應複雜多變環境的挑戰，並開啓敏捷與資安、工安領域應用的對話。

展望：韌性爲組織自救力

曾在一場桃園縣政府專書導讀會中，我一開始詢問聽衆：韌性管理和政府有關嗎？當災害來臨，政府開設地方各級災害應變中心，這個「救人」機制已相當成熟完備；反之，從緊急應變、災後復原到營運持續管理，韌性管理更強調政府「自救」的能力。過去我們卽從紐約消防局於「911事件」案例中省思，**自救才能救人**。

韌性管理發展爲風險管理進化版，培養「新常態」下組織與個人競爭力。面對多重複雜環境的挑戰，組織或個人難以用日常的經驗法則，因應多重風險帶來的生存威脅與損失。「三隻小豬」寓言故事啓發我們對於韌性的重要性。如果沒有豬小弟的備案，就可能喪失最後的生存機會。**就像今年CrowdStrike事件無預警造成全球至少850萬臺電腦當機，再次驗證「營運持續計劃」（Business Continuity Planning）重要性。韌性不再只是被動的規避風險、也不是可有可無的組織「餘裕」（Slack），已成爲VUCA（易變性、不確定性、複雜性、模糊性）日常必備的營運資源。**

我想就這五年經驗與觀察，以新版的面貌與國內專家社群交流。然而，在字句推敲之間，我難免也心裡滴沽：自己的創見會不會哪天

被新興的AI工具所取代？所幸，活生生的經驗並非現階段生成式AI所能完全取代，兼具實務與邏輯的洞見（Insight）亦是如此。

從過去數十年的工作經驗來看，從風險管理到韌性管理的旅程不會是單行道，可能是迂迴的九彎十八拐。因此，本書再版保留代表性的範例與文獻資料，作為有興趣溯源讀者之參考。我很珍惜身為作者的這份機會，可以跟跨業異業專家先進交流，並期待未來交換人生體悟的韌性風景。

／寫於2024甲辰青龍年・小年夜

目錄

PART 3 ─────────────準備是最好的應變

附 錄

「韌性」是一門顯學

　　你是否曾因處理突發狀況而整夜待命？是否曾經擔心無法處理某個危機而徹夜難眠？又是否曾擔心團隊的能力不足，可能延宕處理公司的危機？儘管「趨吉避凶」是我們的本能，然而我們可能從未真正認識過「危險」是什麼。一旦大難臨頭，一般人的通病是走捷徑遠避。但「閃躲它」非但無法解決真正的問題，還可能造成更棘手的處境。這樣的心態是否和我們的工作經驗與學習歷程有關？

　　在執筆本書時，展閱當代管理之父彼得・杜拉克先生的六十年演說集，我也不禁回想近二十年個人學習與職場生涯。許多經理人在累積一定的績效與歷練後得以步步高升。有些進階者從MBA師生同儕學習，在職涯轉折點充電後再出發。但從國內外個案的分析發現，太多主管最後因為處理災害危機不當而黯然下台，卻甚少因處理有功而被拔擢。

　　為何這門攸關公司生死存亡、主管升遷的管理課程，鮮少出現在

主管養成教育裡？

原因很簡單，危機消息止於自家大門之內。在家醜不得外揚的情況之下，企業講師不教；在我國近六十年MBA教育的發展中，這類型的風險課程並非商學院的主流，學校也不教。

由於災後復原爲移動中的目標，階段性目標也會隨時空環境而調整。在有限的資訊與資源之下，主管很難在第一時間做出決定，連帶會影響第一線部屬的士氣與進度。由於缺乏災害處理的實務與專業經驗，臨危受命的應變小組僅能從排山倒海的問題中被動因應。每個臨危受命處理災害的主管，就好像在高空上走鋼索戰戰兢兢。

新管理思維

近年來，台灣一再發生「短延時強降雨」，也開始面對「限電」或「缺電」的可能性。諮詢公司Gartner（2014）強調，資安已經進入「預防無效論」時代。災害衝擊遠大於你的預期，「防範未然」不再是唯一事前準備的處方。

然而，沒有經歷過災害，很難體會災害管理這堂課。以美國911事件爲例，恐怖攻擊造成紐約雙子星大樓應聲倒塌。鋪天蓋地的金屬塵爆席捲商業大樓數以萬計的電腦。大樓停電造成資訊與聯絡中斷，

上千台受污染的電腦必須徒手背出災區迅速復原。這段時間，所有的業務一片混亂、完全停擺。在大型災害的案例中，災害的類型不會是單一的，伴隨而來的是複合型的影響。

那麼，該如何以新思維分配風險管理的資源？

在規劃風險管理資源時，我們習慣將「雞蛋放在同一個籃子」。在技術思維之下，「規避」（Avoid）為常見的風險策略，就像是硬體採購。但，主事者往往忽略「減損」（Mitigate）或「移轉」（Transfer）策略的可行性。在有限的資源之下，單一部門僅關心單一策略，無法照顧到風險管理之全貌。甚至我們聽到客戶說，她只是智慧製造的技術人員，「風險管理是老闆的事」。

其實，企業中最稀有的資源不是部門預算，而是領導者的注意力。面對一再刷新紀錄的災害，到底領導者該有何種新思維？

在協助某家全球知名半導體大廠教育訓練中，最賺錢的廠最先導入「災後復原計劃」（Disaster Recovery Planning）。以往他們不乏災後全損的例子，上億元設備就這樣報銷。由於該設備金額在保險自付額以內，企業得自掏腰包，自行支付損失。這樣的觀念驗證一個基本的觀念：「營運越好，越不能出問題」。廠長強調：要將賺到的錢「安全」的放進口袋。

這驗證了一句話：**風險管理，人人有責。**

研究機構IDC（2017）也特別強調：「它（資安）並非是IT安全 —— 此觀點造成限制並將解決方案投射在疲於奔命的IT團隊；相反的，它是企業風險 —— 這個觀點就會涉及部門、高階主管與董事會，並協助定義在這個流程中IT所扮演的角色」。

因此，**風險管理不單只是風險部門的工作**。除了高階主管，本書的溝通對象為公司發言人、廠長、資安長、財務保險、智慧製造、工安人、緊急應變小組、資安人或資訊人。此外，保險相關的從業人員也是本書關心的對象。

不為人知

這個實務領域並沒有統一的語言。常見的為「風險管理」、「災害管理」，或「災後重建」。倘若以Google查Disaster Recovery（災後復原），發現大部分的討論偏向於IT軟硬體。除了災前的客戶訓練與計劃，保險人同樣關注災後客戶的搶救減損。

那麼，到底該如何界定這一行？

根據我國最新的《行業標準分類》（2016），行政院將全台行業類別規劃517個細項。有趣的是，「復原」僅有「電腦災害復原處理服務」（6209）與「歷史遺址及建築物之翻新及復原」等兩個行業細項。

但是，「機械設備之實質改造、翻新、重製，視同製造活動」，依性質分別歸入C大類製造業25-29中類之適當業別。僅有產險有明確的類別，屬於K大類「金融及保險業6520財產保險業。然而，與保險有關之公證服務僅被歸類為6559細類「其他保險輔助業」。由於《行業標準分類》統計我國行業主要的經濟活動，因此災後復原並未反映在真正的產值，足以說明這個行業的特殊屬性。

依我個人的觀察，國內投入24/7（一周七天，一天24小時）災後復原專業數量鳳毛麟爪。甚者，擁有跨國復原公司經驗，兼顧IT與設備復原者，可能用手指就可以數的出來。即便擴大涵蓋產險、保險經紀人與公證服務等相關專業，可達數百或上千位專家或顧問。然而，這個領域和客戶簽訂保密協定，外界鮮少有人得知災後復原的始末。

在社會大眾的印象中，這個行業宛如戴上神秘的面紗，更難傳達正確的搶救減損的觀念。因此，等到危機來臨時，第一線人員與主管忙著應付大小瑣事，無暇冷靜思考、分析與規劃。

應用層次

許多消防演習重視滅火與救人，但該如何協助關鍵性的設備資產進行減損搶救？本書希望提供跨部門協同學習之參考依據。為了避

免艱澀難懂的專有名詞，本書以淺顯易懂的角度解釋常見的問題與觀念，並輔以實際案例加以說明。

　　過去進入災害現場的經驗，驅使我蒐集整理國內外經典案例。爲了讓讀者身歷其境，本書整理隱身在新聞或書籍的小故事，如：美國曼恩峽谷（Mann Gulch）森林火災（1949年）、日本阪神大地震製鞋產業（1995年）、美國NASA火星氣候軌道探測器事件（1998年）、美國半導體廠J晶片廠火災（2000年）並牽動手機業者K與N國際市場版圖、台灣知名R網路書店水災（2001年）、美國911事件上千名員工緊急疏散（2001年）、台灣SARS事件（2003年）、美加大停電（2003年）、台灣A銀行資安事件處理始末（2006-2008年）、知名M石油企業漏油事件（2010年）、智利礦場事故（2010年）、日本福島核電廠海嘯（2011年）、日本G公司駭客入侵（2011）、S石化廠爆炸（2011）、台大竹東分院跳電處理始末（2013-2015年）、美國知名L零售業者駭客入侵（2013年）、台灣PCB業者B公司火災（2015年）、美國信用報告機構E公司資安事件總座與資安長下台（2017）、英國O航空公司電腦當機（2016-2017年）、梅雨季超大豪雨（2017年）、美國智慧製造H工廠被駭客入侵（2017年）、美國C公司資安事件造成全球性客戶問題（2020）、歐洲能源集團U公司資安事件（2022）等。

本書的應用涵蓋四個層面：

（1）無任何危機管理計畫、規劃或標準導入者

（2）已有計畫、規劃或標準導入者

（3）首次碰到災害急需迅速復原者

（4）欲執行「認知」（Awareness）訓練推廣者

針對（1），本書提供簡易的參考指南，特別是中小企業；針對（2），本書協助檢視自己不足之處，提供下一步的參考方向；針對（3），本書提供災後復原所需的觀念與經驗；針對（4），本書補充相關知識與經驗缺口，提供訓練課程所需的教材內容。

從廣義的角度來看，災害管理的研究涉及範圍相當廣泛。由於恐怖攻擊或種族暴動較少在台灣發生，並不屬於本書討論的範圍。本書重點不在大家熟知的保安保全、人道救援、社區重建或心理重建，而是較少觸及的組織管理層面。

本書的一小步

本書嘗試從**韌性、風險管理、營運持續**（Business Continuity）與**災後復原**（Disaster Recovery）等角度，跨界討論**工安**（Safety）與**資安**（Security）的議題。

初版前言
「韌性」是一門顯學

在許多企業中，「資安」與「工安」都是花錢的單位，分屬於資訊與勞工安全衛生環保不同部門的業務範疇。然而，在風險管理的整體性考量之下，工安與資安皆為系統性的風險，但在公司日常業務下甚少交集。

這是本書的一小步。從風險的角度，希望可以建立「資安」與「工安」溝通的橋樑。Gartner（2015）在《2020資安情境》（*Cybersecurity Scenario 2020*）強調將實體的「安全」納入「資訊安全管理系統」（Information Security Management System，ISMS）的重要性。因此，雙領域結合的風險思維，不僅是現在的熱門話題，在AI或智慧機械人時代更具有前瞻性。

除了工安與資安領域之外，本書也整合其他領域的實務經驗，以便在推動方案上具體可行。從組織管理角度，本書有助於災前任務編組與災後組織變動之參考；從專案管理角度，本書有助於災前的持續營運規劃與災後復原方案之執行；從危機溝通角度，本書提供組織需面對橫向與縱向的溝通問題；從教案設計角度，本書濃縮過去APEC工作坊經驗，提供給有志推動情境式教學者參考；從個案研究角度，本書可協助風險管理、工安或資安部門從他人案例中借鏡，避免未來重蹈覆轍。

前瞻性思考

　　韌性不僅是國際政策的顯學，更是組織迅速恢復營運的關鍵。至今，國內外客戶將之列為稽核重點，甚至成為領先同業的競爭優勢。這些都可以從本書的經典案例獲得實務上的驗證。

　　在變動的社會中，我們比以往接觸更多的風險。不管是巨災還是人禍，災害是你猜不透的敵人。從個人到組織、從社交媒體到人工智慧，如何正向面對它呢？舉例來說：

　　（1）**福禍相倚是人生常規，企業經營也是如此。**透過風險管理，以達個人風險緩衝之成效。幸福企業除了提供完整的員工福利，也要協助員工做好風險管理。

　　（2）現今通訊與媒體科技無時無刻吸引我們的注意力。一旦稍有不慎，可能就會增加自己曝險的機會。**在注意力弱化與匱乏的時代，個人與組織更要在平日加強因應風險的能力。**

　　（3）在人工智慧（AI）或智慧機械人時代，許多大量、單一或重複性的工作已經被取代。但目前**它們無法取代人類在緊急的狀況下做出決策。**因此，現場人員必須具備緊急應變與災害管理的能力。

　　在面對動態的全球性或在地化威脅，許多挑戰仍有待跨界先進的交流與指導。我有幸在跨界學習中，從前輩、先進、同事與客戶的學

習交流中累積寶貴的經驗。再多的言語無法表達我的感謝之意，那就以這本小書做為回饋的禮物。

　　請一同與我展開這趟奇幻的學習之旅。

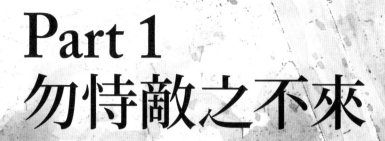

Part 1
勿恃敵之不來

2010 年的「智利礦災」搶救現場歡聲雷動，團隊士氣大振。歷經兩個多月的搶救，第一位礦工 Florencio Antonio Avalos Silva 終於被安全救出，代表其餘 32 位礦工仍有獲救的希望。受困礦工後來全數救出生還，也成為國際救災史上的成功篇章。

1-1

越過山丘，轉過一個又一個的念頭

有一天，我們家小學三年級的小孩興高采烈拿著《瘋狂科學營》手做DIY實驗成果回家。這次的主題為「直流電 vs. 交流電」。

我問她，為什麼家裡供電用直流電，但戶外電塔以交流電傳輸？她說，不知道。

我說，上萬伏特的高壓電從電廠出來，從電廠到家裡的距離少說有數十公里遠。高壓電以交流電的傳輸方式，損耗較小。

當然「直流電 vs. 交流電」兩種標準之爭還有其他的理由，但我先不說。以免一次講了太多的資訊，小孩無法吸收。

為了加深小孩的印象，我接著問小孩：請問你有看到電線上「腳踏兩條船」的小鳥嗎？

我的原意是想表達「腳踏兩條船」的小鳥被電死了。所以，存活下來的小鳥會乖乖在一條電線站好。

不料，小孩回答：交流電是為小鳥設計的。

所有聽到這個故事的人總會哈哈大笑，這是典型的「**倒果為因**」的推論。

　　生活中存在太多這樣的推論。舉例來說，小孩發現上學要遲到了，所必不吃早餐。「吃早餐」為因，「遲到」是果。我們通常注意緊急的事（如：遲到），犧牲眼前重要的事（如：吃早餐），而忽略改善真正的原因（如：晚起）。

　　風險管理也一樣。在與客戶討論風險時，我們歸納常見的三大謬誤：**假裝不存在、讓駭客攻擊、為何要分享**。

「假裝不存在」

　　不管是意外災害還是駭客入侵，發生與否都是機率問題。所謂的機率，就和個人經驗有關：**沒遇到的事就假裝它不存在**。

　　英國一年可以喝掉6億4,000萬杯茶。對於英國人來說，下午茶是人生的享受，當然在奶茶沖泡法也有所堅持。百年來，英國人不斷地爭辯奶茶的沖泡順序：到底茶加入牛奶或是牛奶倒入茶中，哪一個好喝？國際知名作家喬治・歐威爾（George Orwell）先生也加入這場戰局，提出十一條「泡好完美的茶」的規則。

　　沒想到，這沖泡法被統計學家費雪（Fisher）在1935年的實驗找

到解答。他的女同事宣稱可以分辨出這兩種調配奶茶的差異。因此，費雪將兩種方法各調配出四杯奶茶，以隨機方式請她試喝並做出判斷。結果，她在八杯奶茶中答對六杯的調配方式。

這到底是她的能力或是她的巧合？費雪後來發展出有名的**小樣本檢定方式**（A/B TEST）。

就在歐威爾百年誕辰，英國皇家化學會（Royal Society of Chemistry）決定公布他們科學實驗的結果。由於高溫易破壞牛奶的蛋白質，因此，熱茶加入冷牛奶中才能得到絕佳的風味。一個超過三百年英國人的喝茶習慣，先後經過社會科學與自然科學雙重驗證，最終獲得合理的成果。

從奶茶的故事中，我們可以依據個人經驗，隨機泡出好喝的奶茶。同樣的，如果我們依據個人經驗面對災害，災害管理結果也可能是隨機的。

哲學家黑格爾曾經說過，「凡合理的（Rational）東西皆是現實的（Real），凡現實的東西皆是合理的」，後人把它詮釋為「**存在即合理**」。舉例來說，為了尋找這本書的創作靈感，我不知喝了多少的咖啡、綠茶、啤酒，甚至紅酒。當小孩看到時，她都會說爸爸又喝酒，我就無言了。但是，有趣的事情發生了。自從我們家買了整套日本插畫家高木直子的圖文書，小孩迷上她書中的大小故事。書中不時出現

她泡湯後晚餐配啤酒的畫面。她儘量會試當地出產的酒，包括：天鷹清酒、少爺啤酒、瑪丹娜啤酒、漱石啤酒、瑪丹娜啤酒、越後啤酒、越初梅、雪中酒、大吟釀等，甚至烈酒。從此以後，小孩看到我喝酒就不會大驚小怪，她已經建立「存在即合理」觀念。

同樣的，當我們以正面思考災害的存在，也就有它的合理性。儘管缺乏科學上的證明，許多經典案例足以證明災害與駭客成爲事業的首要敵人。但是，依我們「息事寧人」的文化慣性，總希望「大事化小、小事化無」。倘若老闆不將這兩者納入他的事業天敵，主管也無力改變組織文化的慣性。第一種謬誤就會連結到以下第二種謬誤。

讓駭客攻擊

另一個常見的資安謬誤是：要不要讓駭客攻擊我們的資訊系統，等到系統癱瘓之後再向老闆爭取經費？

當老闆不重視資安時，這是主管面對資安的無奈。到底根本原因在哪裡？生物的演化學可以帶給我們新的啓發嗎？

在一個大草原上，不同種類的動物生存在一起。爲了抵禦天敵，長頸鹿、斑馬與瞪羚通常結伴行動，彼此分擔警戒的角色。長頸鹿負責守衛，斑馬注意四周的動靜，而瞪羚以敏銳聽覺輔助斑馬的警覺。

它們共同的天敵爲獅子，還有土狼。

通常獅子爲動物共同的天敵。然而，一旦土狼搶不到食物，成群結隊的土狼會去搶奪獅子剛捕獲的獵物。落單的獅子也會讓土狼三分，最後不甘心落寞離去。在高度競爭的環境，金字塔頂端的獅子還可能面對土狼搶食的風險。

這就是新一代演化理論的重點。生物學家范華倫（Leigh van Valen）的靈感來自於「**紅皇后假說**」。在《愛麗絲夢遊仙境》的續集《愛麗絲鏡中奇遇》中，愛麗絲拚命奔跑。奇怪的是在她眼中，周遭的風景卻沒有移動。紅皇后對愛麗絲說：「你必須用力奔跑，才能使自己留在原地。」原來，圍繞在愛麗絲身旁的環境也和她以同樣的速度移動，才造成她認知上的假象。

在這樣的相對性假說之下，日本生物學家稻垣榮洋描述被攻擊者與攻擊者彼此演化的策略：「生物受到攻擊以後，會演化出新的防禦術以求自保。另一方面，發動攻擊的生物也會爲了突破新的防衛術而持續演化。如此一來，防守方又得再演化出更新的防禦術，如果不像這樣持續演化就無法生存下來。」

稻垣榮洋由此下了個簡單的結論：「生物因爲有敵人，所以才會持續演化。」倘若在同一區域沒碰過敵人，生物不需要持續演化。難怪有主管認爲，駭客入侵一次系統比跟老闆講一百遍資安會更有效。

換個腦袋想一想，為什麼不讓自己人假扮駭客，入侵自己的系統？這就是目前最新的資安韌性觀念：**培養「自己人攻擊自己人」的能力，也就是俗稱公司內部的「紅軍」。**

為何要打開天窗說亮話？

面對風險，我們的文化慣性就像是這句順口溜所描述的：**多做（說）多錯、少做（說）少錯、不做（說）不錯**。除了文化慣性，為何災害資訊的分享如此隱諱？以上述的生物學為例，駭客或巨災為當代組織的天敵，對象為在同一個區域的多個產業。如果我們不是在同一個生態圈近身觀察，可能無法知道箇中原委：

（1）弱勢組織：有哪些弱點，而被駭客徹底擊垮？

（2）存活組織：被駭客攻擊而存活下來的組織，進化哪些能力？

（3）共同防禦：組織或許可以仿效動物的警戒角色。各司其職、互通有無，從不同的風險中成長。

此外，復原過程的資訊有其敏感性。尤其是一旦災害發生，動態的關鍵資訊是組織在災後復原的行動基礎。因為在意外災害發生之後，「**大家都面臨巨大的誘惑，會想扣住或掩飾敏感、困惑或是尷尬**

的資訊」（貝澤曼與華金斯，2008）。就像是《國王的新衣》寓言故事一樣，沒有人願意去戳破。

在平日風險文化中，如何去面對災後隱藏資訊的「巨大誘惑」？最佳實務企業的做法為何？更何況災後復原為移動中的目標，災害管理也是異常管理。經驗不足的搶救可能導致後續的蝴蝶效應。這些都需要在災前與災後建立開放性的溝通橋樑。後續我們將借用心理學的分析工具，在以下的章節一一闡述。

風險的創意思考

從混亂到秩序，災害管理本身就是創意管理。

創意大師愛德華·狄波諾（Edward de Bono）的「六頂思考帽」（Six Thinking Hat）在創意思考領域中廣泛使用。舉例來說，白帽子代表中立、客觀；紅帽子代表直覺、情感；代表情緒、感覺。傾向於以預感、直覺、印象來思考。黑帽子代表謹慎、負面；黃帽子代表積極、正面；綠帽子代表創意、巧思；藍帽子代表統整、控制。為了避免討論時思維混亂，狄波諾建議「一次一頂」的思考帽或依序戴上不同帽子思考。

由於災害管理在管理異常，災害管理本身也是創新管理。以智

利礦場事故爲例，哈佛教授點出了**創新**的重要性：「**這些專家必須明白，無論他們有多豐富的經驗，都不曾面對眼前的挑戰。專家團隊必須共同探索、試驗和創新，整合深厚的知識和構想，而不只是應用它們。各個成員必須機動地因應情勢需要，靈活地加入或退出各個工作群組**」。

在風險與災害管理領域，許多前輩累積他們的智慧，發展不同的「思考帽」，例如：「建構意義」（Make Sense）（Weick，1993）、AcciMap（Rasmussen & Svedung，2000）、「組織化回應」（Organized Response）（Kreps & Susan，2006）、「災害是緩慢的暴力」（Disaster as Slow Violence）（Nixon，2011）、「安全 II」（Safety II）（Hollnagel，2012、2013）、「日常性災害」（Everyday Disaster）（Matthewman，2015）等。這些「思考帽」以全新的角度讓我們重新認識風險與災害。

基於前人的智慧，本書提倡「**災害是敵人**」（Disaster as Enemy）。除了獲利之外，過去主管的眼中專注於競爭者的一舉一動，但現在駭客與災害成爲影響企業獲利的「新常態」。正當各國法令修法與「韌性管理」新典範帶動之下，開始將這兩大敵人納入列管。就如台積電的前董事長張忠謀先生強調，「**我們的對手不一定是敵人，環境也是你的對手**」。

越過山丘

近日身邊一位友人經歷生命中的大事故。到土耳其搭乘熱氣球成了她一生中難忘的經驗。就在離開熱氣球降落平台往地面上跳，悲劇發生了。她的腳不小心被熱氣球的繩索絆倒，造成粉碎性骨折。

相較於她的經歷，我個人的左膝蓋事故算是「小巫見大巫」。在過去兩年針灸復原時間，我多次躺在復健床上，兩眼直視著天花板，啥事也不能做。回想當時考取資訊安全稽核員（BS 7799）證照的產業環境，那是2004年。於是，多年來構思本書的內容逐漸沉澱。有時靈光乍現，出現自我對話的反思；即便在上下班通勤時，某個觀念仍然一再的斟酌與推敲。

到底個人從韌性可以獲得什麼啟發？有一個聲音從心底浮現：不懂得和痛苦做朋友，可能無法體會到真正的幸福！不懂得和意外做朋友，可能無法體會正常的工作！

透過韌性管理的新觀念，本書與你分享我和意外做朋友的人生故事。正向心理學啟發者一行禪師曾經分享學習的訣竅。他引用《了知捕蛇的更好方法經》（簡稱「蛇經」）一段話：「一個有智慧的學法者就像是一個人用叉子捕蛇。當他在野地裡看到一條毒蛇時，他用叉子叉住蛇頭下部，用手捏住蛇頸，即使蛇纏住此人的手、腿或身體的其

他部位，也咬不著它。這是捕蛇的較好方法，不會導致痛苦或疲憊。」
除了學習的重點，一行禪師發現如果有些人學經是為了辯論或炫耀，
也像是不正確捕蛇方法。學習要懂得抓住重點，否則也會冒著學習上
的風險。

以下就是我和其他專家越過山丘的沿路風景與經典故事。

1-2

蠢蠢欲動的隱形敵人

當夏季颱風來臨時，居家漏水和白蟻總讓苦主輾轉難眠。然而，社會大眾很難從「被一直漏給打敗」或「蟲蟲危機」這樣的新聞中學習到有用的經驗。以下先談談我個人的故事。

抓漏頭痛經驗

房屋漏水幾乎是每個家長的痛，每個苦主的故事大不同。身為一家之主，抓漏的事情當然就落在我身上了。

2017年某天晚上，我們家兒童房的天花板開始滴滴答答漏水，我們趕緊用臉盆去接漏水。即便是過去三年風雨交加的颱風天，兒童房也不曾出現漏水現象。為何這次只是普通的陰雨天，靠近窗戶的天花板卻開始漏水？

觀察現象，水從天花板燈罩的縫隙滲透下來。我拆下燈罩，拿著

手電筒從孔洞往內望，很難看到什麼跡象。我的難題在於僅能看到漏水的表面現象：天花板被水浸濕。但上方的水泥樑柱是乾的，到底水從哪裡來？

我們不得已去敲樓上鄰居的門。在我們說明來意之後，鄰居帶著我們到疑似漏水處上方的相對位置，也就是他們擺放洗衣機的地方。幾經確認之後，他們的樓層地面是乾的。

折騰老半天之後，一切又退回到原點思考：為何過去颱風肆虐、狂風暴雨，兒童房沒事。但為何這次陰雨天兒童房卻漏水？

我們與三年前室內設計師討論：是否過去地震造成大樓外牆磚塊剝落，導致雨水從外牆的裂縫滲漏進來？設計師循線找出外牆的相對位置，研判這個方向的可能性大增。

師傅報價，材料加工錢四千元。他說，這是最便宜的。幸好，我們住在二樓，這樣的高度不需要搭鷹架施工，以折疊式一字梯即可；否則搭鷹架，費用可能十倍以上起跳。

這驗證了一句經典的廣告台詞：「一塊磚，四千元；防止漏水，無價！」

師傅施工完之後，分享他的個人觀察。他發現，這個洞不像是地震造成的裂縫，像是人為施工的結果。他研判可能是前一個屋主，為了拉電視電纜線而開挖的洞。當晚風雨的角度正好打進這個洞，造成

屋內天花板漏水。儘管師傅的觀察無法再次驗證，至少惱人的漏水問題終於可以告一段落。

另一位朋友家中漏水的故事更為複雜。他的樓下鄰居漏水，懷疑是他的廚房與衛浴管線龜裂。抓漏師傅用藍色藥水，到進樓上廚房與衛浴的排水管排放，觀察樓下牆面是否出現藍色水痕。師傅用各種顏色的藥水，測試各種區域漏水的可能性。

此外，朋友客廳的牆面出現大片水漬。他的疑問是：到底漏水和僅隔一牆的浴室有什麼關係？如果是浴室水管造成的漏水，到底起因是冷水管還是熱水管？

顯然的，這次師傅無法用藍色藥水注入浴室的水管，找出真正的漏水問題。這次朋友借助高科技設備，一台價值三十萬新台幣德國工業用遠紅外線檢測儀。遠紅外線可以穿透大多數的媒介材質，分辨同一個區域下溫差的數值。當他打開隔壁浴室的熱水，牆面熱水管位置清楚地浮現在檢測設備的螢幕上。冷水管從外面接到浴室，沒有埋在這面牆壁裡面。況且在螢幕上，漏水處和沒漏水處清晰可見，也可以判斷牆面漏水是否和熱水器熱水管有關。

不同的漏水難題，不同的檢測工具與師傅的經驗都會影響後續的修復建議。至於居家常見的「白蟻」呢，似乎未知的難題正等著我們去面對。

白蟻頭痛經驗

三年前，我們設計師曾經「警告」我們：由於我們堅持用低甲醛木材，未來裝潢一定會碰到白蟻的問題。

當時的我不以為意：白蟻嗎，噴殺蟲劑就好了！或是等到了再說。

三年後，我們發現臥室抽屜下發現一堆木屑，以及昆蟲屍體。由於抽屜上方為前屋主留下的冷氣孔，在屋外沒有完全密封的情況下，雨水濕氣順流而下進滲到抽屜的背板。因此，當我卸除抽屜的機關，把抽屜拉出來之後，才得以發現內部嚴重的潮濕。由於臥室為最初發現白蟻，也是最嚴重的地方，開始成為一家人睡覺前的討論話題。

漸漸的，我們家的書櫃、衣櫃，甚至木地板發現越來越多白蟻翅膀，就連我大學時期的吉他社的手抄歌本也難逃厄運。

牠們喜歡溫暖潮濕的環境，尤其是夏天的季節。最後，我們在諮詢相關經驗的朋友之後，決定找白蟻除蟲專家處理。白蟻專家提到，白蟻是群聚型生物。一旦牠們被藥物驅離，牠們會成群往上移動。專家保證，處理過的房屋在三五年內不會受到白蟻的困擾。在觀察過我們家的災情，專家發現我們家的地板最嚴重，因此以針筒打藥至地板的縫隙處。

白蟻施藥至今已經大約一年，目前沒有發現任何復發的跡象。

商業頭痛經驗

一旦房屋遇到漏水的問題，第一時間會去找抓漏專家處理，而不是室內設計師。但是，一旦碰到電腦病毒或駭客攻擊，一般人最先想到是公司內部的資訊部門。

2016 年，前俄羅斯駭客以遠端遙控對我國銀行 ATM 提款機取款，花花的鈔票就從 ATM 機器吐出來。沒有騙你，這不是電影特效，這是真實的駭客事件。以前認為這是國際新聞，現在國際駭客直接到你家門口，在國內街頭真實上演。

2017 年，勒索軟體 WannaCry 將市井小民入侵沒有定期更新的電腦，加密所有的照片與檔案，讓與多人欲哭無淚。從過去十年來，支付勒索軟體的贖金不斷地翻倍。2017 年，WannaCry 造成全球用戶災情慘重。在一個周末之內，讓全球超過 150 個國家、數十萬臺電腦中毒（iThome，2017）。

在商業環境中，駭客與火災令公司主管寢食難安。每一年的頭條新聞，苦主面對災情束手無策。不是在新聞媒體面前鞠躬道歉，或是信誓旦旦要找出根本的原因，以便挽救股價、亡羊補牢。

同樣的，一般人輕忽火災造成污染的規模與銹蝕的速度。就算是環境沒有通風，一公斤塑膠在燃燒後，在熱對流效應之下，污染面積

可擴散至少一百平方公尺；在高度潮濕的環境中，帶著氯離子污染物與水促成化學反應，而產生具腐蝕性的鹽酸。因此在火災後，未搶救減損的污染設備，大約在兩三天內開始銹蝕，最後導致無法復原的悲劇。一旦產線停擺半年以上，競爭者可能會趁虛而入。在事態擴大的情況下，高階主管面臨「下台一鞠躬」的壓力。

術業有專攻

在公司，資訊部門就像是設計師的角色，負責規劃每年組織電腦的系統規劃與預算。然而，電腦系統內部「漏洞」就像房屋內部管線的裂痕，設計師未必具備「抓漏」的工具與能力。台灣俗諺：「醫師怕治嗽，土水師怕抓漏」，需要透過抓漏師傅的經驗與工具，才找到房屋漏水真正的原因。

同樣的，要如何防止火災後設備生銹惡化是復原專家的主要搶救任務。然而，一般設備原廠工程師並沒有災後減損的經驗與工具。為了減少處理災後設備的麻煩，大多數原廠建議全部更換災後的設備。然而，災後復原是在和時間賽跑。新設備採購至少需半年到一年，可能使恢復災後產能的速度緩不濟急。因此，災後設備的復原可作為新設備更換的替代方案之一。

或許懂設備保養的朋友建議你，萬能的WD-40可以達到防銹效果，可以在生銹設備大量噴灑WD-40。這就像我處理白蟻一樣，用白蟻殺蟲劑噴灑局部災情。如果碰到整間房屋的白蟻，我就束手無策，就需要白蟻專家的協助。

敵人共通性

　　我從處理居家與商業敵人悟出小小心得。儘管它們的難題大不同，但這些敵人具備共通的特性：漏水與駭客屬於看不見的敵人；白蟻與火災屬於大規模的敵人。這些頭痛的敵人平日隱身在設備系統中，不容易被察覺。一旦問題浮現，宛如冰山一角浮出水面，苦主才會警覺到事態嚴重。

　　一般人可能認為，遇到這些敵人的機會很低，何必「大費周章」事先預防？重點是，這些敵人「敵暗我明」，苦主通常處於挨打的份。等到苦主準備回應時，敵人早就「攜款潛逃」。最後長官追究責任時，往往「鞭長莫及」，基層主管很容易成為「眾矢之的」。就算基層主管早就知道內情，「聰明」的人推給「前朝往事」，以便「明哲保身」。

　　在面對頭痛的敵人時，不是像鴕鳥悶在沙堆裡就以為沒事。事前「當責」比事後「究責」來的重要，而且「災前」和「災後」措施也大

不相同。爲了防範於未然，本書探討這兩種截然不同的敵人特性與因

應之道。

1-3
我的隱私，未來的曝險

小學生眼裡的隱私

有天，就讀國小三年級的女兒問我：爸爸，什麼叫做隱私？

我很好奇她從哪裡看到的。她翻開國小三年級社會自修（以前我們熟知的「參考書」），其中「認識我的學校單元——生活知識家」裡面寫到：

尊重他人的隱私

「隱私」是指不願意讓別人知道、干擾或觀察的事物或行為。例如：個人的身體、血型、出生年月日、聯絡方式、私人用品、私密空間、生活習慣等。「隱私權」是指個人擁有保護自己的隱私或秘密不被公開的權利。

隱私權是每個人都擁有的權利。個人常會因為好奇、忽

略禮貌或不注意等因素而侵犯到他人的隱私，所以要常提醒自己尊重他人的隱私權，例如：（1）未獲得允許，不聽他人談話；（2）未經過許可，不進入他人私密空間；（3）未獲得允許，不隨意翻動他人物品；（4）未獲得同意，不透露他人資料。

我：那你現在知道什麼叫隱私嗎？舉例來說，其中（4）插畫的主題為問卷訪問者站在「XX補習班」前面，學生背出姓名電話「班長王小明238XXX」。很多時候有人要你「填問卷換贈品」時，你填在問卷的電話號碼是隱私資料嗎？

女兒：電話號碼是隱私資料嗎？

我：電話號碼當然是隱私資料。當你不想被推銷電話打擾時，就不要告訴別人電話號碼。

我：問卷填的生日是不是隱私資料？

女兒聳聳肩，表示不知道。

我：很多銀行帳號會用你的生日作為開通密碼。如果別人知道你的生日，就可以進入你的帳號，甚至把錢轉走。

女兒聽到我的說明後，露出「恍然大悟」的表情。

這一刻我終於知道，任何書本上的知識，要經過對話與討論，才

能轉化為日常生活中的常識。否則，知識永遠是知識，看過就看過，不會留在腦海中。如果隱私知識不會和行為改善有關，還是會隨風而逝。這對大人小孩都一樣。

大學生認識的隱私

幾天後，我在公司和台灣大學校園實習生計畫擔任業師。在一個小時網路安全課程簡介中，我問了五位大學生關於密碼管理的問題：

· 你擁有幾個網路帳號？

· 你擁有幾組密碼？

· 你知道眾所皆知的密碼？

· 你最喜歡的密碼是？

· 你多久一次改變密碼？

· 你如何保存密碼？

· 你會分享你的密碼嗎？為什麼？

我歸納現場同學的回答。通常大家有八到十幾組帳號，如：學校帳號、銀行帳號或電子郵件帳號，有人最多擁有二十組帳號。在這麼多組帳號中，大家的共同行為就是使用幾組相同的密碼，也會將生日

設為其中一組密碼。

上述大學生的行為和美國受訪者差不多。過去幾年中，每五位受訪者中就有兩位曾經收到個人資訊被盜用的通知、某個帳號被入侵，或密碼被偷。許多人仍習慣將自己的生日作為一組密碼。2014年最受歡迎的五組密碼是：12345、password、12345、12345678，以及qwerty。有趣的是，qwerty為電腦鍵盤上第一排從左到右前五個英文字。

54%受訪者大多使用五組或更少組的密碼。73%受訪者的網路帳號使用重複的密碼，在平均24個網路帳號使用六組密碼。另外問到個人的密碼史時，21%受訪者仍使用十年前的密碼，47%受訪者使用五年前的密碼。許多人的第一組密碼可能是申請第一個銀行帳戶、免費電子郵件或第一支手機。

從組織的角度，個人的密碼管理習慣將形成組織文化的一部分。根據美國的調查，65%受訪員工到處使用相同的密碼；90%受訪員工的密碼將在六小時內就會被破解。

既然要管理許多組帳號與密碼，還要設計不易被破解的密碼，如何保管密碼呢？有趣的是，47%受訪者保管在Office文件檔案；32%受訪者靠個人記憶；31%受訪者使用其他電子式儲存；27%受訪者寫在紙上。

既然管理密碼這麼複雜，是否有新的技術用來確認身分呢？最近

的智慧型手機已經使用臉部與指紋等生物辨識，作爲手機開鎖的另一種選項。因此，前面提到的更多的隱私資訊，如：個人的身體或生活習慣等，將成爲未來確認身分的關鍵資訊。這意味著在新技術的推波助瀾之下，不管你喜歡還是不喜歡，或是你願意不願意，個人隱私資訊將更多公開暴露在外的風險。

1-4
遊戲玩家的「天堂」，
資訊人員的夢魘……

當虛擬寶物成為目標

　　如果你是30歲以上的線上遊戲玩家，想必對於韓國經典遊戲「天堂」（Lineage）並不陌生。十多年前，它曾經是台灣最受歡迎的線上遊戲之一，會員超過數百萬。厲害的玩家光靠著虛擬貨幣、買賣武器裝備或賺改版財，從線上遊戲賺到錢。舉例來說，極罕見的隱形斗蓬喊價到六百萬天幣，相當於六萬台幣。在「天堂」遊戲的全盛時期，有人在一個晚上賺到一萬元台幣，一個暑假賺到一台機車。線上遊戲「天堂」不僅在台灣紅極一時，也橫掃亞洲各國市場。

　　隨著「天堂」虛擬寶物在買賣市場交易熱絡，新一代的病毒風暴正醞釀著。為了竊取線上遊戲的帳號與密碼，「天堂病毒」自2004年

便悄悄現身。它結合「木馬」（Trojan Horses）與「間諜病毒」（Spyware），三年內發展出超過2,963種以上的變種病毒。

在2006年一家A銀行電腦病毒排行榜中，天堂系列病毒躍居第一。當年度的下半年起，一連發生的五起電腦病毒事件，都起源自X、Y、Z三隻不同血統的新病毒。它們共通的特性都會下載天堂系列病毒。

如何被發現

當時，這三隻新病毒都躲過防毒軟體的偵測，藏匿在電腦系統一段時日。防毒軟體將已知病毒的特徵存在資料庫，掃描電腦時逐一去比對並加以清除。醫生對於病人癌症的處理方式，也是採取類似的觀念。一旦病人在檢查膀胱後確認為原位癌，便按照醫院的標準程序，進行卡介苗灌注治療；一旦病人在檢查後發現癌症有擴散的跡象，可能建議臨床上最新的標靶藥物。針對未知癌症的新藥，在臨床驗證後將成為癌症治療的標準程序。針對新的電腦病毒也是如此，防毒軟體在沒有新解藥時，解毒人員針對新病毒特徵開發新的藥方。

它們被發現的徵兆都不一樣。最明顯的是銀行第一線臨櫃人員在鍵盤敲單後一分鐘內系統停頓，前台作業無法正常的完成交易。資訊

人員接獲他們的抱怨趕緊處理，才發現Z病毒。在X病毒事件中，銀行資訊人員以壓縮軟體進行資料備份時，出現備份失敗的訊息。以一般的常理判斷，在電腦壓縮檔案時不可能出現失敗的訊息。因此，資訊人員懷疑此為電腦中毒的跡象。

　　最不可思議的巧合是，X電腦病毒被發現的當天，是金融監督管理委員會的年度資訊系統檢查。資訊人員發現，電腦系統出現異常緩慢的現象。由於許多人對於上個月病毒爆發的印象仍記憶猶新，因此趕緊找防毒專家前來處理。

病毒長相特徵

　　為何這三隻病毒躲過防毒軟體的偵測？它們的藏匿有何高明之處？我們抽絲剝繭發現，這三隻病毒採用不同的偽裝特性。

　　X病毒的偽裝特性在於自我藏匿術。這隻X病毒擅長以壓縮技術作為易容術。駭客極盡所能將病毒壓縮，並輔以加密技術，讓防毒軟體無法在短時間偵測出中毒的檔案。為了避免引起電腦用戶的疑心，X病毒想盡辦法讓檔案正常開啟。一旦用戶開啟某個中毒檔案，X病毒同步複製功能正常的檔案供用戶執行。

　　第一次病毒爆發屬於X病毒第二號變種（X.C病毒）。X.C病毒從

不知名途徑入侵銀行電腦系統，不斷地透過各分行內部網路進行快速擴散。在藏匿兩天之內，X.C病毒從十餘台電腦擴散至70台電腦。不僅如此，它主動連線到外部網站，從網際網路下載天堂間諜病毒，以竊取公司的機密資訊。

一個月內再度爆發第二次病毒事件。此次感染的是X病毒第五號變種（X.F）。儘管X.F病毒的入侵手法與感染途徑與X病毒相同，但X.F病毒增加自我藏匿的絕招。在完成壓縮中毒檔案之後，X.F病毒也將自己加以壓縮，不讓防毒軟體輕易找到。

在X.F病毒爆發一週前，兩家分行員工上網瀏覽股票財經網站時被新病毒感染。病毒很快從36家分行、上千台電腦擴散，總計158部電腦受到感染。但新病毒並未影響到該使用者的作業。由於壓縮軟體在執行時會啟動自我檢查功能，在檢查中毒的壓縮檔出現異常訊息，資訊處才警覺到疑似中毒的可能性。防毒專家在追蹤電腦系統的記錄檔之後，找不到正常網站瀏覽行為與病毒入侵路徑之關係，僅猜測用戶自行從網路下載試用軟體所致。

Y病毒難纏的是它的隱匿性。Y.BE病毒（Y病毒第二十八號變種）採用烏賊戰術，悄悄卸除銀行用戶電腦的防毒軟體。它自動連上駭客網站，大量下載變種的天堂病毒。另一方面，它避免感染防毒軟體列管Windows作業系統執行檔，而去感染Office文書檔案與其他應用程

式的執行檔。

Z病毒完全避開防毒軟體的雷達偵測，從Windows作業系統看不到它的蹤跡。它夾帶大量的天堂間諜病毒，不僅達到竊取機密資料的目的，也達到混淆視聽的成效。它產生的DLL的副檔非常特別。除了將自己隱藏起來，這些可疑的DLL還藏匿在用戶不會注意到的資料夾（如TEMP資料夾）。

防毒專家在事後調查發現，分行理財專員時常瀏覽某個知名金融資訊網站。結果，這個網站被駭客網站植入病毒碼，瀏覽用戶不知不覺被導到真正駭客的網站，巧妙地運用移花接木的手法。

此外，駭客網站不僅製造病毒，本身就是超完美的自動化病毒工廠。一旦不知情的用戶連上這個駭客網站，用戶電腦便被隱藏的小程式中自動更新變種病毒。這就是新一代的駭客攻擊的時代來臨：網頁威脅（Web Threat）。

組織處理方式

在防毒專家尚未抵達之際，負責資安的資訊人員早已展開各項防毒工作，以防毒軟體掃瞄A銀行全行上千台電腦。在解藥尚未出爐之際，為了降低病毒擴散的災情，資訊人員必須從現有的線索提出緊急

應變方案。然而，各項方案多少會影響到銀行作業流程與日常交易，在實施之前必須與客戶多方評估。客戶主管在裁定之後，由最佳方案中主要負責的單位實施。因此，除了擁有病毒的專業之外，他還要善於與客戶不同的資訊部門溝通。

X病毒被發現當天，金融監督管理委員會正在A銀行進行年度資訊系統檢查。資訊人員在發現電腦系統異常緩慢之後，緊急通報襄理並由襄理呈報經理裁示。

在銀行的異常通報程序中，值班人員遇到電腦異常狀況大多自行處理，除非一小時內無法處理才會在假日通報相關主管。由於當天資訊處全員待命，資訊人員在第一時間請主管裁示處理。

當時銀行資訊部門經理的反應是：「Call（聯絡）原廠啊！事實上防毒軟體這個東西比較被動的。原廠不協助，我們是沒辦法動的。我們能做的事，就是去找有問題的電腦，用一些工具來偵測。」

X病毒爆發事件在兩天內落幕，並在兩天後召開檢討會議。防毒專家建議A銀行有效的資安措施：（1）加強用戶帳號密碼控管、（2）降低用戶權限、（3）控管用戶共用資料夾與（4）網站瀏覽等。

在病毒事件發生之前，管資訊安全的資訊人員是「很低調，安於現在的位置」。他很清楚，一旦資安措施涉及到用戶的權益，將面對四面八方來自內部同事的壓力：「你說要加強帳號密碼控管，每個人的帳

號要設什麼，誰理你啊！」它的主管也知道：「但這（資安政策）是有點擾民的工作，不大想做。」

銀行在Z病毒事件後提高警覺。在九月份防毒會議上，全面將所有防毒軟體升級到最新的版本，以避免病毒爆發事件再度重演。

就在A銀行緩慢推動資安政策之際，銀行資訊部門主管開始有了態度上的轉變：「第一次中毒的時候，你跟他（內部同事）講要幹嘛，他不做嗎！就多來幾次嗎！在這幾次之後，銀行的IT就很有Power（權威）。後來對上面的人說，你不做所以會中毒。」同樣的，在獲得資訊處主管的授權之後，資訊基層人員也不一樣了：「現在他們IT就很有Power！我叫你改，沒有人敢講話。那個專員，以前講話都很那個，現在講話都很臭屁！」

最後，A銀行同意全面推動四點資安措施。在歷經開會協調、尋找適當的方案，以及試點運行，終於在一年後實施全行共用資料夾政策，同一時間也順利降低全行用戶的使用權限。至於本事件的詳細始末，請參考本書其餘的章節。

1-5
這次客戶老闆發飆了

當火災成為天敵

　　根據過去十多年來商業火險記錄，印刷電路板（PCB）產業幾乎每年都會上演重大的火災事件。甚至有些業者，一年內至少發生三起以上的大小火警意外。難怪這個行業的老闆會無奈表示，「火災就是PCB產業的天敵」！

　　歷經接二連三災害的摧殘，我國PCB產業是否默默地承載哪些不可承受之重？發展超過半個世紀，PCB產業為台灣最重要的電子業。在台灣產業的全盛時期，台灣製造PCB板穩居全球桌上型電腦、筆記型電腦或平板電腦產品的市場寶座。回顧2000年，我國PCB產業走出全球同業削價競爭的陰霾，逐漸景氣復甦；然而2008年面臨全球金融海嘯，大多數國內業者陷入經營上的危機。三年後隨著中國產業的

崛起，台灣主要電腦產品在全球市場出貨的比重逐年下滑，PCB產業景氣也由盛而衰。幸好，國內PCB業者加緊轉型、切入快速成長的產品，如：手機與車用電子。終於，2016年再度重返全球市場榮耀，國內PCB業者打敗日本韓國的競爭，全球市佔率高達三成。

如何被發現

每次PCB產業火災事故的原因不盡相同，但大多數的起火點不是蝕刻就是電鍍線。一旦這些作業機台洩漏沸點低的溶劑，在高溫的作業環境就容易引發大火。

然而，本次火災事故比較特別。B業者某資深作業人員在小夜班執勤時，發現烤箱作業的異常。隨即火警的鈴聲大作，他緊急疏散數百名同事。

烤箱為本事故的起火點。烤箱的功能在於將不同客戶的品牌印在電子產品上。為了製作產品LOGO燙金或燙銀的效果，塗著金粉、銀粉的產品須在烤箱高溫加熱。經過國際知名火災鑑定專家研判，這些塗料的溶劑揮發後累積在烤箱中。長時間累積在烤箱內並未定期保養清潔，不同產品的溶劑的燃點不同。一旦低溶點的溶劑殘留物持續在烤箱不斷地加溫，有可能就引發這次的火災。

火災現場特徵

災後復原工作就是不斷的面對客戶各種災害事故的挑戰。

新聞報導描述 B 客戶現場存放上萬公升的硫酸、鹽酸與電鍍液等腐蝕性的化學品。在趕往客戶事故現場途中，我們在兩公里之外皆可聞到阿摩尼亞（氨）的味道，事故現場的氨氣更為刺激嗆鼻。

在消防隊十幾個小時的滅火，災害現場積水夾雜著上萬公升的化學品，像小瀑布在各樓層樓梯流竄。我們穿著個人防護配備小心翼翼爬上樓梯，每一步都聽到自己的呼吸聲與心跳聲。昔日廠房到處可見作業人員的身影與機器運作的聲響，如今現場一片死寂。經過辦公室區，看到來不及關機的電腦螢幕與泡水的插座，提醒你隨時觸電的危險！最後我們抵達頂樓區。頂樓為火苗竄升之處，為另一個火災的爆點。上萬公升的化學槽被燒得面目全非，其餘設備化為廢鐵。整個廠房彷彿經歷一場殘酷的戰爭。

在火災的高溫燃燒下，塑膠易解離為氯化物（Chloride），附著在煙灰四處蔓延擴散。在消防水柱的灌救之下，水與煙灰的氯離子反應下產生鹽酸。此外，現場存放的數萬公升化學品發生洩漏，我們用 PH 試紙量地板上的液體，發現酸鹼值為 0！

火災的煙灰屬於奈米等級的微粒。一公升的塑膠，經由燃燒後的

熱對流效應，煙灰大約可擴散至一百米平方的面積。在高度潮濕的環境中，具鹽酸等級的煙灰加速造成機器設備的生鏽。

如何判定是否本次火災造成的新鏽？在仔細觀察生鏽的金屬表面後便可得知：新鏽偏淺棕、淺橙色，和老鏽偏紫色不同。新鏽容易立即清除，輕輕一擦就乾淨。在惡化的環境數日之後，生鏽從機器設備的金屬表面侵蝕深入到底層，造成氣體管路穿孔穿洞的現象。未來該機器設備的復原機會可能微乎極微，只能採取更換更新一途。最怕的就是，這樣的現象造成機器設備管路內的劇毒氣體外洩，危及急現場搶救人員。

組織處理方式

接獲通報之後，復原專家偕同保險公司、公證公司抵達現場進行實地勘查。每個人穿著輕便型的防毒面具（俗稱豬鼻子）與個人防護配備，逐樓進行現場勘驗。

經過第一天危險而混亂的查勘，進駐團隊欲借用客戶會議室討論未完的事項。不料，本事件 B 客戶窗口趕著下班回家接送小孩，所有人站在客戶門口又聊了一兩個小時。等到大夥散去，才想到晚餐還沒有解決。但時間已晚，便當小吃店都已打烊，就近找個便利商店的便

餐果腹。才一進門，與大夥不期而遇，大部分的勘查團隊成員仍在便利商店分桌討論。

為了儘速恢復國際關鍵客戶訂單的產能，本事件客戶指揮調度兩班人馬，日以繼夜以重型機具清除瓦礫殘骸。

在過去一周之間，進駐團隊和客戶之間已產生大小不等的摩擦。客戶沒有復原計畫，每天的需求不斷的改變。舉例來說，昨晚明明和客戶講好的共識，今天一早就翻盤。但為了避免節外生枝，進駐團隊只能儘量忍隱不說。

一周後，進駐團隊正緊鑼密鼓進行客戶災後損失資產的盤點。下午內部會議時，進駐團隊指揮官轉述最新消息：「早上客戶老闆到公證公司總經理面前發飆，還拍桌子大罵。他指責進駐團隊阻礙他們復工時程。」

經進駐團隊達成會議共識，隨即對客戶做出說明：「保險與公證公司內部決議，先行配合客戶之復工需求，以利後續盤點之進行。並在保險進度報告會議中，表達加速理賠作業程序。」既然客戶已經不願意配合，為了避免落人口實，進駐團隊決定隔天全數撤出。

根據過往的經驗，這類型案件至少需要兩周以上才能完成損失資產的盤點。然而，因客戶的原因，進駐團隊在一周後撤出，將非正式管道的溝通降至最低限度。

客戶老闆在發飆後，客戶管理階層有無進行內部工安改善？恐怕沒有。不到兩三年的期間，這家B客戶再傳多起工安事故。這又是另一個令人辛酸悲劇的故事。

1-6
要做到「多安全」，才算安全？

　　一次中華公司治理協會董監事資安治理課程中，有位金融集團董事長問我一個問題：我們都知道駭客防不勝防。在資源有限的情況之下，要做到多安全才算是安全？

　　這位董事長曾有投資長、策略長、風控長及財務長的歷練，所以才問出這個挑戰性的問題。那次課程之前五年，已有15位高階主管或總經理因資安事件去職。2014年，有位國際零售業總座、資安長還為駭客事件下台。同年，某網路巨擘總經理也身陷泥沼，離職後無法享有豐厚的紅利與股利。三年之後，美國信用卡中心總座掛冠求去。根據2017年經濟學人調查，資安已成為國際企業高階主管不安全感的首選。在此讓我們借用叢林求生術與成熟安全系統觀念，試圖為這個問題提出新的方向。

叢林求生術

深陷於駭客的掠奪廝殺中，企業總經理、資安主管無一倖免。其實這種場景就像動物天天在叢林上演的情勢。那麼，在叢林中該如何求生存？

這個腦筋急轉彎的答案並不是跑得比獅子快，而是跑得比同伴快。適者生存成為生物演化的法則。在掠食者的壓力之下，適應力越來越好；反之，沒有威脅的環境，容易偏安。一旦外來敵人入侵、既有生態圈劇變，缺乏演化力生物就無法生存。除了掌握同一生態圈掠食者動態，也要隨時監控跨區外來的敵人。

過去企業把駭客當作是IT問題，找技術廠商、找解決方案。一旦企業主管觀念一轉，把駭客視為商場競爭敵人，就知道下一步該怎麼做。其中，應變團隊與風險方案缺一不可。

成熟安全系統

生活中成熟的系統有助於理解實體的安全感。以交通系統為例，交通規則是人車的遊戲規則，紅綠燈則以科技掌控人車的行為。萬一發生路況或巨災，人車切換到不同的道路，甚至使用多樣的交通工具

以抵達目的地。這就是我觀察日常生活中，一個成熟的安全系統可同時兼顧：規則、控制與選擇三個原則。

從資安的角度，公司政策建立員工的遊戲規則，透過科技追蹤異常的行為。從過去技術導向的思維，往往我們被迫「選邊站」。何謂技術上的「選邊站」？科技發展的軌跡會有一定的相依性。舉例來說，Android 作業系統無法在 iPhone 手機上運作，僅能安裝在 Android 手機。從技術的相依性來看，資安系統也是如此。當你選擇方案 A，很難一下子改到方案 B。

倘若從企業生存的角度，「持續營運」打破科技相依性的慣例。在還沒發生資安事件之前，企業可有寬裕時間集合專家意見，研擬企業可行的方案。以「三隻小豬」為例，豬小弟一開始被其他人笑傻。當茅屋與木屋都被攻破，豬小弟成為大家的方案 C。而不是萬一發生事件，高階主管坐如困城、一籌莫展。一旦開始思考方案 A 到 Z 可行性，便啟動「防範於未然」的風險思維。

在真實的世界中，系統大多是新舊混搭，很難一下子打掉重練。既然一開始就蓋好茅屋，到底下一步怎麼辦？從風險管理的角度，或許不是將茅屋翻新為石屋。而是先蓋木屋，以便逐步取代茅屋。在系統世代交替的轉換過程，編列資安風險管理預算得以面對意外後的應急設備、內部團隊、外部專家，以及保險。

從過去二十年國外資安事件的經驗與教訓得知，**資安2.0須改變為風險管理思維**。駭客想辦法繞過ISO標準與技術控制。面對新一代的駭客攻擊，要防止駭客「木馬屠城記」戰略，而非一味的強化「銅牆鐵壁」。政府推動的資安法，也都是朝向韌性管理的方向在導引。即使上述可行方案最後都沒用到，在這個過程中培養團隊敏捷力，也有助於在這個多變脆弱的環境中適應生存。

* 本文原刊於2019/10/18《工商時報》〈名家評論〉網站，後經適度編輯更新。

Part 2
危機意識的
領導管理

2019 年 4 月 15 日傍晚，歷史可追溯至 12 世紀的的法國著名古蹟巴黎聖母院（Notre-Dame de Paris）發生大火，歷經一夜才撲滅了火勢。這場災變事後調查疑為電線短路起火所致，雖然大火並未造成院內古物名畫的嚴重損失及人員傷亡，但聖母院最早的建物部分受到重創；法國政府於其後展開重建，本書出版時預計於 2024 年 12 月重新開放參觀，但最全面完整的修復可能需要十年以上時程。

2-1
面對「新常態」該有的新思維

當災害成為新常態

不論是金融危機到意外災害，隨處可見「新常態」（New Normal）的蹤跡。何謂「新常態」？簡單來說，過去被視為罕見的極端意外，可能隨時發生在你我的身旁。

如果你還有印象的話，2017年梅雨季來的又快又急，宛如颱風來襲的超大豪雨。光一天的降雨量，至少占台灣全年總雨量四分之一。根據全省各地觀測站的紀錄，在短短三天降下超過1,300毫米的雨量，創下過去21年紀錄新高。

當天暴雨的強度出乎意外。新北市災情慘重。在暴雨的密集轟炸下，許多店家或民宅在一個上午接連淹水兩次，甚至等公車民眾被大水圍困。尤其這一區高級進口車F交車中心，停車場停滿五十台名貴

新車，總市價超過六千萬新台幣。銷售人員眼看著停車場淹水逐步上升，已達一個輪胎的高度。在兵荒馬亂之際，趕緊移出新車。最後，他們發現停車場排水孔被雜草枯枝阻塞。所有人集中火力，在暴雨中疏通排水孔，才解除這次豪雨危機。

為何這次豪雨損失慘重，許多人來不及應變？以目前台灣氣象預報的能力，氣象專家在風雨來臨前五、六小時才會得知降雨落點。針對近三十年短期極端降雨的統計數據，國家災害防救科技中心分析每年雨量排行榜，其中前二十名在2000年後就佔了十五個。中心將這個「新常態」的現象取名爲「短延時強降雨」。從過去降雨統計以「天」爲更新單位，在這次豪雨之後我們必須改變以「小時」爲更新單位，如：每三小時更新一次（林慧貞，2017）。

除了氣候異常的改變，人爲災害如駭客攻擊也會改變「新常態」思維。「勒索軟體」並非僅針對企業攻擊，遍及之廣甚至影響到市井小民。從2006年誕生至今，勒索軟體不斷更新加密技術，悄悄的加密被害人重要檔案，以便勒索被害人支付贖金。從過去十年來，支付勒索軟體的贖金不斷地翻倍：早期TROJ_RANSOM.QOWA僅需支付新台幣約360元（12美元）贖金，到現在WannaCry高達約新台幣9,000元。就在2017年，WannaCry造成全球用戶災情慘重，短短一個周末就讓數十萬臺電腦中毒（iThome，2017）。

減損與預防並存

電腦專家早就想到電腦的風險性問題。2002年,英國《經濟學人》預測過去鮮少有人思考的IT新情境,「軟體總有弱點;硬體總會失靈,而且人類總會犯錯」。

在這樣的前提之下,柏克萊大學Dave Patterson教授(圖靈獎Turing Award得主)與Armando Fox教授倡議「復原導向的電腦運算」(Recovery-Oriented Computing)新思維。和過去思維的差異在於,「復原導向的電腦運算」不是以避免錯誤為前提,而是以減少損失、迅速復原為前提。

其實,「預防」和「減損」雙機制在生活中隨處可見。

以交通為例,預防安全的角度就是降低車禍發生。解決方案從交通號誌的設置,到車對車的預警科技的倡議;從減少損傷的角度,就是轉嫁財產損失的風險或降低人員傷亡。解決方案包括前者的保險體系或後者的醫療體系。

在醫療的課題上,也發現雙機制設計的蹤影。在急診室的搶救時刻,第一步就是清創。其目的是為了排除傷口的細菌感染,減少對身體進一步的惡化;在平日的防疫宣導,衛教資訊建議國人施打「預防針」。甚者,我們更要在平時培養身體的「自癒力」,以便因應外在環

境的變遷。

在面對新型態駭客攻擊，Gartner（2014）年大膽的提出「預防無效論」（Prevention Is Futile）：「**完美的預防是不可能的。先進持續威脅能夠輕易地繞過防火牆與以病毒碼為主的防毒機制。所有的組織必須假設他們持續地被入侵。**」後續的章節中，我們將深入探討資安「預防無效論」的背景與因應之道。

單有「預防」是不夠的，要在「復原」的前提之下從「減（少）損（失）」著手，貫徹到日常作業中。以「勒索軟體」為例，從預防著手的防毒軟體並不是唯一的措施。用戶須定期備份檔案，才是面對「勒索軟體」威脅事件的不二法門。在研究跨國災害文化，Ekstrom & Kverndokk（2015）下一個重要的結論：『在過去數十年間，「準備」與「減損」的論述，而非「避免」，已經開花結果。這展現出重要在災害政策、實務與認知上重要的轉變』。

當我們在面對「新常態」時，災害衝擊遠大於你的預期。除了事前的預防，從災害情境擬定因應的「減損」措施，才不會在災後措手不及。

2-2
息事寧人的文化慣性

《國王的新衣》為家喻戶曉的寓言故事。國王徵求為他縫製最美的新衣。在國王幾經刁難，許多知名的裁縫黯然而退。有天有位裁縫求見，他假裝新衣披在國王身上，其實國王身體赤裸。新裁縫宣布他的遊戲規則：只有「聰明人」才能看得見國王的新衣。在顧及自己的自尊與國王的形象，大臣與市民寧可以謊言代替真心話。最後，這個最大的謊言被小孩一句話戳破，國王終於恍然大悟。

慣性的脆弱

在我們的文化中，風險事件大多以「大事化小、小事化無」收場。我們通常聽到客戶類似的反應，例如：（駭客）有這個風險，但機率不大？我們公司門禁森嚴，還要作資安？甚至有客戶直接了當的說，要不要先（駭客）攻擊我們的系統，等到系統癱瘓之後再向老闆

爭取經費？

貝澤曼（2015）整理出一般人面對風險事件的反應：

・誰知道會發生什麼事啊。

・這種事情發生的機率太低了，不值得考慮嘛。

・注意警告標誌，不是我的事啊。

・任何時候都可能出現很多危機。我們不知道這件事會發生，也很合理啊。

・我沒有看出組織面對什麼威脅。

・我沒有考慮到其他幾個單位對我們組織的影響。

・我沒追問其他人，少了哪些資訊。

・我沒爲組織多設想幾種可供考慮的選項。

員工的反應與組織面對危機的態度息息相關。貝澤曼與華金斯（2008）接著問，「到底是什麼事情導致組織……在面臨可預期危機時顯得格外脆弱無助呢？」他們認爲根本原因可能和以下因素有關：

・未投注必要的資源用以蒐集有關威脅的資訊。

・認爲資訊太過敏感，不能與人分享，所以不願傳播資訊。

・個人知識的差異。

・並未將可取得、但卻散布在組織各處的資訊加以整合。

‧個人怠忽職守或瀆職。

‧工作職責分不清，以致於一直要等到事態嚴重才有人採取行動。

‧未能將所習得之教訓記錄下來。

‧因為人才流失，造成組織知識長期毀損。

貝澤曼與華金斯也強調：「大家都面臨巨大的誘惑，會想扣住或掩飾敏感、困惑或是尷尬的資訊」。組織在處理危機時，團隊共享的個人資訊、知識與經驗為其關鍵。然而，動態的關鍵資訊往往是組織在災後復原的行動基礎。如何從個人心理層面，因應這樣的慣性呢？

打開天窗說亮話

「未知的未知」（Unknown Unknowns）早就被風險評估界加以運用（斯丹迪奇，2017）。

在心理學領域，「周哈里窗」（Johari Window）模型常用來作為了解人們自我覺察（Awareness）能力。從「自我」（Self）與「他人」（Other）資訊暴露的差異，個人特質可區分為四個象限：開放（我知、你知）、隱藏（我知、你不知）、盲點（我不知、你知）與未知（我不知、你不知），請見圖1。

	我知（Known to Self）	我不知（Uknown to Self）
你知（Known to Others）	開放（Open Area）	盲點（Blind Spot）
你不知（Unknow to Others）	隱瞞（Hidden）	未知（Unknow）

圖1 「周哈里窗」模型

　　資訊安全專家將此模式應在資訊安全領域。其中，「自我」改爲「企業」（the Company），「他人」改爲「環境」（Environment）。其中，「環境」是指「企業」以外的利害關係人，如：合作夥伴、供應商、政府，甚至駭客等。企業對於資安「準備度」（Readiness）可區分爲四個象限：已知的威脅與風險（企業知、環境知）、隱藏的威脅與風險（企業知、環境未知）、被鎖定的威脅與風險（企業未知、環境知）、與發展中威脅與風險（企業未知、環境未知），請見圖2。

	企業知 （Known to Company）	企業未知 （Uknown to Self）
環境知 （Known to Environment）	已知的威脅與風險 （Known Threat and Risks）	被鎖定的威脅與風險 （Target Threat and Risks）
環境未知 （Unknow to Environment）	隱藏的威脅與風險 （Hidden Threat and Risks）	發展中的威脅與風險 （Emerging Threat and Risks）

圖2 「周哈里窗」模型：資訊安全應用

我們去分析是簡單的，但組織要探索未知的風險並非易事。根據上述「周哈里窗」的分析，風險管理領域有其隱晦性，存在我不知的未知與盲點。就像貝澤曼（2015）發現，「在團隊中大家比較關注、熱烈討論的，會是公開分享的資訊，至於沒有分享出來的訊息，只限於少數或某位成員所知，團隊往往忽視這種訊息。」這是在同一災害管理專案團隊通常會碰到的問題。

　　另一種方式即是從他人案例中借鏡，避免重蹈覆轍。如前所述，我們很難掌握世界各地重大災害的始末與細節。在我們的慣性文化中，我沒遇到的事就假裝它不存在。T公司高階主管則不同，他強調「我們不願發生別人已經犯過的錯」（Learnt Lessons）。藉由學習他人的失敗經驗，累積各種災害應變的「經驗法則」（Rule of Thumb）。這個自我挑戰讓自己走出舒適圈，將自己的未知與盲點降到最低。

　　分享未知、改變文化慣性，才能照亮災後行動的光芒。

2-3
都是懶人密碼惹的禍

　　面對個資外洩創新高的資安事件，密碼保護已經是老生常談，無密碼方案再次受到關注。某家企業面對電腦的老舊（Legacy）系統，仍無法拋棄自1961年就存在的密碼管理。到底，新的法令、標準與成熟的技術，要把我們帶往何處？

　　2020年12月美國C公司平臺爆發史上最嚴重的資安威脅，全球將近1.8萬客戶為潛在的受害者。前CEO湯普森（Kevin Thompson）指責2017年時該公司實習生將Github伺服器密碼設為"solarwinds123"。同年12月，美國前總統唐納‧川普（Trump）的推特（Twitter，社群平臺X的前身）帳號被白帽駭客入侵，密碼為"maga2020!"，都是使用眾所皆知的英文流行語縮寫。

　　類似情形屢見不鮮。2017年全球著名信用報告機構E公司資安事件，和解金額高達7億美金。兩年後，調查報告指向該公司另一個重大缺失，將帳號與密碼都設為"admin"。

在簡易密碼之外，設備的「預設密碼」（Default Password）也常是禍源。2020年，D公司放射設備被發現使用預設密碼。19種品牌（如Optima）、百餘種設備，包括CT掃描，MRI，X射線，乳房X線照片，超聲和正電子斷層掃描等，暴露在網路入侵的高度風險。

法令為最低保障

以上的各個實例只是冰山一角。世界各地被駭客運用的網路攝影機，就是因為無密碼或預設密碼的漏洞而造成。網路釣魚網站或密碼噴灑（Password Spraying）也是駭客常用的方式。網路釣魚網站偽裝成正常合法的網站，誘使你輸入帳號密碼，以達竊取密碼的目的。駭客以密碼噴灑技術，用大量的預設帳號與弱密碼入侵，偽裝成合法的登錄而不被發現。這使得各國政府注意到預設密碼的嚴重性。

2018年，美國加州通過禁止聯網設備使用預設的簡易密碼。除了每台設備的預設密碼要獨一無二，在第一次使用時要和使用者取得認證。該法案於2020年生效。2019年，「歐洲電信標準協會」（European Telecommunications Standards Institute，簡稱ETSI）的技術報告消費型物聯網設備安全標準（Cyber Security for Consumer Internet of Things, ETSI EN 303 645）禁止使用預設密碼。所有設備密碼應該是唯一，而

且不得被重新設定為設備出廠時的預設密碼。作為歐盟無線電設備指令（Radio Equipment Directive，RED）網路安全要求之一，因疫情影響、延期到2025年8月起強制執行。

英國也參與了歐洲電信標準協會（ETSI）共同制定上述的標準。2018年，公佈消費者物聯網安全性操作規範，第一條就是禁止預設密碼。2017年10月，英國進行新法案《物聯網產品網路安全法》（Proposals for Regulating Consumer Smart Product Cyber Security）的意見徵集。該草案涵蓋簡單的消費性連網產品含：兒童玩具和嬰兒監視器、安全相關產品（如煙霧探測器和門鎖）、智慧攝像頭、電視和揚聲器、可穿戴健康跟蹤器、聯網家庭自動化和報警系統、聯網家電（如洗衣機、冰箱）、智慧家居助理，智慧手機、平板電腦和筆記型電腦等。其他不在本案的產品專案，如智慧電錶、電動車、醫療器材、核電與電子、機械設備等，將在其他法案進行更新。該草案已經完成立法為 Product Security and Telecommunications Infrastructure（PSTI）Act 2022，預計2024年起實施。

在前述川普的例子中，其X帳號未使用雙重認證（Two Factor Authentication，2FA）增加駭客入侵的風險。預設密碼與雙重認證成為這一波各國最新法令的重點。即便是工控資安標準 IEC/ISA 62443 也不例外，仍保留密碼授權強度與使用者識別認證的控制建議。

無密碼再次重視

在IT人員的心中，密碼問題永遠處理不完，對於它是又愛又恨。2004年，比爾·蓋茲（Bill Gates）預言密碼的終結。2018年起，微軟採用「FIDO2標準」，開始提供Outlook、Office 365、Skype、Xbox Live等使用者無密碼驗證選項，來年應用在雲端服務Azure的Active Directory。

FIDO（Fast IDentity Online Alliance）聯盟爲近年來全球無密碼陣營的主要推手。FIDO陸續共有Apple，Amazon，Facebook，Google，Intel，IBM，Line，Microsoft，Qualcomm等超過250個企業或政府加入。2018年，FIDO推出新版的標準FIDO2。在W3C與ITU等國際組織採納之下，目前紛紛獲得國際性金融業、雲端業、電信業，以及網路瀏覽器採用。

IoT資安最大的挑戰為支離破碎的軟體生態系，尤其是缺乏透明的安全規格。以晶片爲例，功能由軟體定義，目前處於百家爭鳴。Intel與ARM合作新的安全設備啓用（Secure Device Onboarding）方案。2019年，Intel已向FIDO IoT工作小組提報。三年後，FIDO正式發佈IoT設備身分識別標準。

過渡性技術

不過，密碼與無密碼方案並非黑即白，在兩者之間已有成熟的過渡性技術。

根據世界經濟論壇的「無密碼認證報告」，消費者物聯網採用過渡期的應用技術含：臉部辨識、硬體安全鑰（Hardware Security Keys）、QR Code掃描、使用行為分析，以及區塊鏈常用的零知識證明（Zero-knowledge proofs）等。微軟提供三種無密碼驗證選項為Windows Hello企業版、Microsoft Authenticator應用程式，以及FIDO2安全性金鑰。前兩者使用公開金鑰基礎結構（PKI）與多重驗證（Multi-factor authentication，MFA）技術。

即便是無密碼陣營，FIDO還是推出雙重認證的第二因素框架（Universal Second Framework）規格，也結合硬體安全鑰的裝置。FIDO真正無密碼規格，以生物辨識技術為基礎，制定出通用認證框架（Universal Authentication Framework）規格。FIDO底層採用簡化版的PKI技術，將公私密金鑰分開於伺服器與使用者設備。

密碼不會一下子就消失。不論是聯網設備，還是工廠工控設備，密碼管理仍存在老舊的系統。針對企業IT網管，預設密碼仍是未來伺

服器清查的重點。聯網設備製造業者也要注意各國最新的法令，未來新產品出口可能不再接受弱密碼。不管是否爲密碼、無密碼或過渡性技術，各國法令與標準正在影響IoT軟體應用的開發。

* 原文刊載於2021/3/31彭博商業周刊中文版網站，並適度編輯更新。

2-4
從受災企業股價看其組織復原力

　　當今資安議題不只是管理上的檢核表，而是企業組織治理、風險管理與持續營運。

　　2011年4月28日，某家國際著名消費性電子產品G公司股價在日本股市下跌5%以上。大約在十天前，駭客入侵了他們美國電玩網路。一位電玩網路用戶「Max」在社群裡提到，「倘若說本事件的駭客只是損毀了3C公司，那就低估其嚴重性了。駭客讓整個網路失靈，並在一周內擊垮它。他們竊取了七千七百萬筆個人資料，包括信用卡。」

　　G公司在一周內才搞清楚怎麼一回事，但並未立即對外發佈重大訊息。正當他們將網路服務逐漸恢復，但另一方面無法確認駭客竊取資料的數量。社會大眾質疑他們緩慢的回應，甚至認為他們缺乏資訊安全系統。來自各界不滿的情緒逐漸高漲，抱怨聲浪有如排山倒海而來。不管是顧客還是程式開發者，甚至美國、加拿大與英國政府要求真相，電玩網路的事業危機有如山雨欲來風滿樓，隨著各國的訴訟事

件一觸即發。

除了資安之外，從過去受災企業財務長或高階主管的角度，他們關切的災後復原問題如下：

1. 上市櫃公司股價與災後復原進度之關係

2. 公司現金流量與保險公司付款進度與金額

3. 保險公司付款時程與編制年報的時間

股價反映災後復原力

牛津大學教授 Knight & Pretty（1996）曾蒐集15家災後企業250天內的股價。他們將上述災後企業的股價分為兩個群組：**災後復原者 vs. 無災後復原者**。

從上述的研究發現，受災企業管理階層對於災害管理的承諾，會直接影響社會大眾的企業支持度，直接反應在受災企業的股價。這兩群企業具有以下明顯的特徵：

· 無災後復原者，初期資本市場的負面反應超過10%以上的跌幅。

· 在前兩三個月，無災後復原者的財物損失相當地顯著。

· 倘若災害造成眾多的傷亡，通常在兩周至三個月內可掌握情況。

尤其針對第二點，他們發現無災後復原企業甚至跌到谷底：有些在事發後5天至50天內，或甚至長達一年，市值跌到災前水準的15％以上。

儘管企業在受災後被視爲造成立卽性的巨大財務損失，但弔詭的是，災難被視爲管理者展現其復原能力的機會。Knight & Pretty（1996）強調，受災企業保險理賠金的多寡與受災企業的股價並無相關。在實務上，保險僅作爲風險「移轉」（Transfer）策略其中之一，組織復原力端看整體性風險策略而定。整體性風險策略可參考下章的ISO 31000風險管理的四大策略簡介。

2-5

營運持續或災後復原？
下一步在哪裡？

　　倘若你在網上的Google查詢Disaster Recovery（災後復原），發現大部分的論述偏向於IT。其實不然。尤其是一開始災後復原（簡稱DR）與「營運持續」（簡稱BC）互換並存，爾後分道揚鑣。本文試圖釐清這兩者的演進歷程，並指出未來的發展方向。

　　過去也有一些研究與文獻探討過這個議題。「災後復原」和「營運持續」常被人互換（ISACA，2012；Snedaker & Rima，2014）。「災後復原」為其先驅，爾後發展為「營運持續管理」（Business Continuity Management，BCM），最後轉變為由IT驅動的「營運持續規劃」（Herbane，2010）。Herbane教授簡短分析了BC/DR觀念演進：

觀念演進

· **1970年代**

備援（Standby）系統與關鍵性資料備份為IT復原計畫的兩大重點。科技思維的復原計畫持續到1990年代。

· **1980年代**

符合法規的稽核思維開始在IT復原計畫中萌芽，一直持續到1990與2000年代。在稽核思維中，災後復原成為功能性（非策略性）管理議題，如：投入成本與停機時間之接受度。

科技思維的復原計畫往共享的IT基礎建設發展。除了降低大型主機電腦的成本，共享的觀念促成大型資料中心模式的發展。1980年代中期，資料中心思維的限制浮出檯面，如：缺乏管理人員投入與測試等人力資源的問題。

· **1990年代**

新思維的轉變：從「技術復原」走向「服務復原」；從符合法規復原到營運持續規劃。營運持續規劃的初期強調的是「結果」（如：營運的持續作業），而非「方法論」或「管理手法」。

然而，一連串的恐怖攻擊事件（如：1993年美國世貿大樓〔World Trade Center〕或1992、1993年的倫敦金融區〔London financial district〕事件）讓災後復原從IT、功能性導向，轉變為組織、流程面導向。

1988年，美國Disaster Recovery Institute International（簡稱DRII）與1994年英國Business Continuity Institute（簡稱BCI）堪稱為將**營運持續提升為管理紀律**的里程碑。營運持續策略逐步發展，如：「營運衝擊分析」（Business Impact Analysis）、「風險減損措施與所需的復原資源」與「以教育訓練、覺知、維運與測試來推動」等。

在911事件之後，美國加速推動營運持續與災後復原，成為商業與科技產業最小防衛之基礎（Herbane，2010）。

觀念差異

就「災後復原」和「營運持續」名詞解釋，本文作者統一採用ISO國際標準定義，以避免引用不同單位的定義時造成假設與範疇的混淆。

根據ISO 27031定義：「資通訊科技災後復原」（ICT Disaster Recovery）為「組織資通訊科技在中斷後，在預定時間與可接受等級範圍支援其關鍵業務功能的能力」。

根據ISO 22300定義：「營運持續」（Business Continuity）為「組織在中斷發生時，持續在預定容量中以可接受的時間框架提供產品和服務的能力」。

解讀上述的ISO定義，受災組織在災後復原階段回復其關鍵業務功能，以便在營運持續階段、在預定時間與容量恢復提供客戶產品和服務。

此外，我們可以參考以下IT的觀點。Snedaker & Rima（2014）強調，「營運持續規劃」（BCP）為「一套方法論，用來創造與驗證一個在災害或中斷事件前期、中期、後期持續營運的計畫」；「災後復原」為「營運持續一部分，並立即處理一個事件的衝擊」。加州大學爾灣分校（University of California，Irvine）的BCP對外說帖也區分BC與DR的差異：「BCP專注於營運功能的復原；DR專注於支援營運功能之基礎建設之復原」。從產險的角度，許多消防演習重視滅火與救人，但該如何協助關鍵性的設備資產進行減損搶救？災後復原即是彌補緊急應變到設備修復之間的空窗期。

不同單位擬定的BC與DR定義會有些許的差異。下文將會針對災後復原的目標、任務、管理、調查與理算詳加討論。近十年來，國內外組織、研究與媒體開始討論「韌性」。「韌性」有可能是下一個階段的「營運持續」／「災後復原」能力嗎？

韌性的興起

其實在 2010 年前，大多數的美國危機或災害文獻並未關注在韌性研究。根據學者（Boin, Comfort & Demchak，2010）的推論，過去美國政治領導者或行政人員在大災難初期甚少作為：「結果造成災害計畫無法實行，溝通失靈，行政控制部門交相指責」，或許典型的例子就是「卡崔娜颶風」事件彰顯了美國政府組織失靈。直到「加州大停電」與「卡崔娜颶風」事件之後，美國興起對於「韌性」的研究。

除了學術研究之外，美國國土安全部（Department of Homeland Security）在《2010 National Security Strategy》報告中強調韌性的重要性。美國國土安全部（2000）對於韌性力的定義是：「**培養個人、社區與系統的快速復原之強韌、適應與能力**」。韌性所回應的巨災可能來自於恐怖攻擊、網路入侵、傳染病，甚至天災。這些學者認為，「韌性概念不尋常地在流行與專業討論著，可被視為對於韌性需求之興起」（Boin, Comfort & Demchak，2010）。

韌性研究見於生態、工程、生物與心理學不同領域的專業（Sudmeier-Rieux，2014）。Boin、Comfort、Demchak（2010）簡述這三個領域的研究重點：工程師著重應用韌性概念到技術系統，生物學家研究在細胞組織，心理學家應用於了解個人與社會體系的互動。舉例來

說，「韌性」與「脆弱度」（Vulnerability）被相提並論，甚至被視爲同義詞。在氣候變遷領域，1980、1990年代「韌性」焦點放在永續發展；2000年則著重在氣候風險。

學術研究試圖釐清「韌性」與「營運持續」兩者的異同（Herbane，2016）：**「韌性」重視能力，「營運持續管理」重視流程**；「韌性」提供「營運持續管理」的願景（Vision）；「營運持續管理」爲「看得到、摸得著」（Articulation）的「韌性」。

小草也有韌性

以911事件爲例，紐約下城區聯盟（Alliance for Downtown New York）統計在事件發生後兩年，當地減少將近八百家企業，十年後才有約一百三十家回籠。此外，中小企業也無法從資安事件中倖免於難。根據美國國家網路安全聯盟（National Cyber Security Alliance，2012）的調查，大約60%中小企業歷經嚴重的資安事件，半年後將關門大吉。

災害不會選擇企業大小，只看組織準備好了沒有。爲積極面對複雜多變「VUCA環境」的挑戰，我們接下來將繼續討論敏捷與韌性之關係。

2-6
營運持續爲數位韌性之本

資安不僅是風險管理的議題，更是影響到攸關公司生產營運的生存關鍵。

2014年，國外零售業L公司總座、資安長因爲駭客事件下台。本事件洩漏4,000萬筆金融卡交易資訊，引發140個訴訟案件，和解金超過1億美元；並導致上百個海外據點關門，利潤比去年同期減少四成六，約合4億4百萬美元。

從台灣產業特性來看，我們重視這類型的資安風險嗎？

「無權有責」部門

有人覺得，台灣以中小企業、代工製造爲主，可能不會引發這麼

嚴重的資安事件。尤其是企業經理人以生產效率為先，資安是個阻礙效率的因子。在缺乏績效考核與激勵之下，主管多半對於資安無感。一旦遇到資安事件，我們發現客戶「息事寧人」的行為：一種是中階IT主管掩蓋事件，資訊長一直蒙在鼓裡；另一種客戶要資安公司扮演「內部化妝師」，掩蓋他們IT部門被檢討的困窘。

然而，**第一線資安／IT人員也有話要說。在專業分工情況之下，很難整合複雜的資安議題。**就在不久前，我們協助H客戶進行資安現況的盤點。一開始討論資安政策、電子商務風險，最後是公司整體的資安風險。上述議題並不完全由IT部門負責，有些還跨足到生產單位與總經理室。IT部門是「無權有責」，平日管不到，出了事要扛責任。就算是資安部門或風險管理部門，也無法掌握集團事業單位分散式IT管理的資安風險。

營運中斷的風險

從過去國際矚目的資安事件，到國際資安法令的更新，國內的相關法令也與時俱進。除了2019年實施的資通安全管理法，2018年起公司年報也被鼓勵加註資安風險。2024年，臺灣證券交易所發布上市櫃

公司重大訊息修正重點。倘若上市櫃公司發生重大資安事件，須次一營業日的開盤前2小時公告，揭露資安事件「重大性」內容，含核心系統、官網遭駭，也涵蓋DDoS、個資外洩、內部機密文件等。上市櫃公司如果違反證券交易所的規範，最高罰5百萬元。倘若重大資安事件損失可能達金額3億或超過股本20%，公司應召開記者會對外說明。相隔4個月，臺灣證券交易所擴大資安事件範圍，刪除「核心」與「機密」字眼。換句話說，倘若上市櫃公司發生資安事件，都要發布重訊。

尤其是以製造著稱的客戶，資安損失少不了營運中斷風險，某家高科技H公司董事長自問自己能做什麼？如果按照營運持續營運計畫標準作業流程（SOP），重大事故在兩個小時稟報廠長。然而，在第一次資安演練之後，全廠一小時內停擺。顯然公司既有的緊急應變流程，無法因應資安事件的新挑戰。這些都必須根據資安的情境，調整既有的持續營運計畫。

我們不希望真實的案例發生在自己身上，但要如何防範於未然呢？尤其是欠缺人才與資源的中小企業能做什麼呢？從過去協助客戶調整資安體質的經驗，在客戶尚未導入ISO 27001之前，我們會偕同技術專家逐一評估以下項目，如：資訊安全政策、高階主管教育訓練、機房安全措施、各廠區生產連線之區隔、IT營運中斷、恢復整體

營運的時間、IT機房復原計畫、資安設備或設施、使用者權限管理，甚至系統整合商與資安委外廠商資源等。上述項目也是資安保險鼓勵被保險人自我體檢的重點。

* 本文原刊載於2019/03/06《工商時報》「名家評論網站」，並適度編輯更新。

2-7
最佳實務企業的做法

我曾經參與輔導一家半導體H客戶。該客戶的工安人員告訴我們，過去十年緊急應變演練首重人員安全，先逃命要緊；在持續營運計劃導入之下，才開始在演練程序加入滅火任務。最佳實務的累積需要經年累月時間，才能貫徹在日常作業中。

究責或當責

相反的，輕忽風險管理的做法則大不同。為什麼風險管理難以推動呢？

我曾經和H公司客戶討論那堵無形的牆。他說，一言以蔽之，就像是這句順口溜所描述的：多做（說）多錯、少做（說）少錯、不做（說）不錯。一旦公司發生事故，這位負責工安的窗口打算請假閃人。

同樣的，有一篇流傳大陸的文章〈不重視安全的公司，領導都是

這樣的〉臚列了不重視安全主管的通則：

- 口頭重視：不主持工安會議；不參與工安檢查；不遵守工安規定。
- 無所不能：工安部門是無所不能的部門，但談到經費就可有可無。
- 表面文章：凡是有「安全」字樣的工作都交給工安部門。但又做做表面文章，應付檢查。
- 績效指標：所有的安全指標（如：傷亡或職業病）都是零；一旦出了事，工安人員必承擔連帶責任。
- 罰了再說：罰款，繼續罰款；事故的根本原因歸於員工素質低或違規，從來不去找管理原因。
- 主從關係：事故發生前，工安人員找主管；事故發生後，主管主動找工安人員。

以上就像是「受害者」（Victim）的身影，只會等待事情變得更好、製造藉口、指責他人，甚至漠視問題的存在；相反的，重視安全的組織，鼓勵人人成為「當責者」（Accountable）：瞭解現況、負責任、發掘改善之道，甚至加以承擔。為了跳脫不重視安全的惡性循環，這是半導體設備大廠高階主管勉勵全體員工的話：你要成為「當

責者」或是「受害者」？

人人有責

要「究責」或「當責」，得從組織的安全文化著手。

在承包商和員工共用的餐廳，一家半導體客戶貼上工安宣導的標語：「不管再多人做，錯的就是錯的；不管再少人做，對的還是對的」（Wrong is wrong, even if everyone is doing it. Right is right, even if no one is doing it）。

這句話簡直是英國推理小說大師柴斯特頓（G. K. Chesterton，1907）佳言的翻版：「不管每個人反對它，對的就是對的；不管每個人贊成它，錯的就是錯的」（Right is right, even if everyone is against it, and wrong is wrong, even if everyone is for it）。

為了讓承包商一目了然，一間I公司客戶還引用防火宣導標語：「起火油鍋馬上蓋，全家大小無災害。引擎熄了再加油，星星之火不再有。」此外，他們也引用這句話：「勿以惡小而為之，勿以善小而不為。」這個出自於三國演義的勵志格言，再度證實東西方安全思維有異曲同工之妙。

除了安全文化之外，要如何從管理階層與基層著手？教育訓練或

許是苦功，但是為紮實的途徑。面對「新常態」以及息事寧人的文化慣性，我們從「周哈里窗」模型體會：分享「盲點」（我不知、你知）與學習「未知」（我不知、你不知）。換句話來說，這就是某家 T 公司一直在強調：「我們不願發生別人已經犯過的錯！」

避免和別人犯同樣的錯來自於追根究柢的精神。

「苦思」的思考學

去年（2017），我在 T 公司台灣與中國廠區全面展開「災後復原規劃」（Disaster Recovery Planning）教育訓練。從每個廠區貼身的觀察，我得以觀察最佳實務企業教育訓練的理念。

在休息的空檔，我留意到教育訓練中心張貼的各種訊息。客戶前董事長常常在內部教育訓練提倡思考的重要性。其中一篇文章就是他的「苦思思考學」，以下就摘錄重點精華：

・這樣有系統、有計畫、有紀錄的終身學習，要跟獨立思考配合。

・因為沒有獨立思考能力，終身學習的效率不會高；沒有終身學習的習慣，獨立思考將缺乏材料。

・我們的對手不一定是敵人，環境也是你的對手。

就像是《論語》所提：「學而不思則罔，思而不學則殆」。其中最後一句話無疑提醒我們。企業主管習慣將敵人局限於競爭對手。除了獲利之外，過去主管的眼中專注著競爭者的一舉一動。駭客與災害成為影響企業獲利的敵人。正當各國法令修法與「韌性管理」新典範帶動之下，開始將這兩大敵人納入列管。

另外兩堂近期的課程吸引我的目光焦點。第一堂課是「Make Right Judgement」引用名作家與編劇家梅布朗（Rita Mea Brown）一句話：「經驗產生好的決策，然而不良的決策產生經驗」。

第一句話呼應前文董事長文章的一段話：「我會勸同仁多想幾步，越能多想，決策的成功率會提高。」第二句話就要從失敗教訓中學習，尤其在災害管理領域特別重要。這又呼應另一部商業暢銷書《灰犀牛》作者的觀察：「如果沒能從慘痛的災難經驗得到教訓，之後行事就有可能只是為了做而做，缺乏遠見或協調不足。」

第二堂課為與非主管人員的「專案管理」。本方法為我過去在顧問工作的基礎。以過去的經驗來看，產線主管對於「專案管理」已經習以為常，但對於工安或風險管理人員較為陌生。這也促使我以前人經驗與智慧為基礎，試圖在本書將專案管理與災害管理進行對話。

能力與承載

我們碰過各式各樣防災減災的問題。客戶提出一個難題：我們公司一年消防演習超過50次。每年虛驚事件數量降到個位數，請問還要改善什麼？

學習型組織教授彼得・聖吉（Peter Senge）曾說過，「真正的學習打開我們未知的恐懼與能力不足的困窘，以及需要彼此的弱點」。從Hollnagel「安全II」思維出發，國際標竿企業如（Intel）已將「韌性」納入供應鏈管理。為了面對書面計畫的陷阱、彌補經驗不足，未來需朝向韌性「能力」與「承載」（Capability & Capacity）養成。

以災後復原專業為例，就如這個行業的順口溜：「一年不犯錯，三年才上手」。在面對災後復原時，Rubin（1985）特別強調組織內部的要素：個人領導、行動能力與所需知識。個人領導包括政治與行政類別；行動能力包括：行政、技術與資源；所需知識包括：緊急管理與毒物處理等。舉例來說，工安或風險管理人員可將「專案管理」納入日常工作慣例，產線主管在「專案管理」強化風險管理。面對「資安2.0」時代，資安人須跟上當今技術與管理的腳步，如：工安（Gartner，2015）、風險分析（IDC，2017）、關鍵性營運等。這些都是本書要強調的重點，以建立跨部門在韌性能力與承載之對話。

2-8
經驗不足導致蝴蝶效應

　　想像一隻輕拍翅膀的蝴蝶，可能導致地球另一端產生龍捲風？這就是著名的「蝴蝶效應」：初期些微的變化可能導致整個系統的改變。

　　這個效應常見於災後復原客戶身上。

　　以一家美國半導體J公司爲經典案例，「閃電」造成該美國晶片廠小火災。因爲輕忽潛在的商業危機，手機大廠K公司缺乏應變計畫，最後退出手機產業。另一個經典案例爲2003年美加大停電。該事件造成30小時停電、五千萬人以上遭受停電之苦，預估損失高達4到60億美元。起因居然是刪減樹木修剪預算科目，造成輸電線路過熱、樹木碰觸而跳脫，後續造成一連串大停電的效應。它列爲美加大停電聯合調查專案小組報告的改善項目之一。第三個知名的案例爲美國零售商L公司資訊外洩事件。2013年，該事件外洩超過4千萬筆信用卡或金融卡交易資訊。本事件不僅終止L公司在加拿大的業務，更造成總經理先生與資訊長先後請辭。

美國資訊安全專家馬克·古德曼（Marc Goodman，2016）也觀察到：「要說有哪種科技最能體現蝴蝶效應，肯定非物聯網莫屬。在這個世界上，如果你家廚房的攪拌器連上網路之後，同樣的資訊網格裡還有在東京的救護車、在雪梨的橋樑、或是在底特律的汽車製造生產線，這樣的互相連結會有何結果，沒有人知道。」

到底如何因應災後的蝴蝶效應發生？有哪些經典案例的教訓可以事先避免？

錯誤搶救影響甚鉅

在與時間賽跑的壓力之下，組織在災後復原無法即時獲得外部專家的建議。我們發現，許多經驗不足來自於「未在對的時間，作對的事情」，例如：

· 高濕度環境下，受污染設備加速惡化。

· 以水擦拭火災煙灰，受污染設備加速惡化。

· 拆除隔板可能造成未污染區域的交叉污染。

· 受污染設備嚴重鏽蝕，未做任何處理。

· 將污染牆面直接以油漆覆蓋。

· 缺乏搶救減損的計畫與步驟。

第一時間不當的搶救措施不僅增加復原時間，後續更增加復原成本和困難度。在組織內部管理上，亦可能導致：

- 人心惶惶
- 員工請假
- 調職／離職
- 對外爆料

在經典案例中，經驗不足的災後管理甚至造成：

- 客戶不滿投訴
- 負面媒體報導
- 客戶訂單流失
- 海外分公司關閉
- 董座、總座下台
- 跨國知名品牌消失

上述一連串引發的棘手問題，往往增加組織管理的複雜度。

因此，有經驗的客戶啟動緊急應變程序，在關鍵時刻尋求專家夥伴的協助，得以迅速回復常軌、降低災後損失。

主管不當的發言

同樣的，災後對外發言也要謹慎小心，以避免產生新的組織危機。英國知名石油M公司（2010）造成美國有史以來最嚴重的漏油事件。位於墨西哥灣的鑽井平台爆炸，導致11名工人死亡。六年後，新的證據發現本次漏油事件的衝擊比當時的評估還要嚴重。在87天之內，數百萬桶石油污染海岸線長達2,113公里，甚至為世上最嚴重的漏油事件。

然而，當時該M公司總經理不當的發言，最後導致他的下台。貝澤曼（2015）列舉了他的發言：

- ‧「我們到底是做了什麼，才會這麼倒楣？」
- ‧「墨西哥灣的洋面很大。相對於總水量來說，洩漏的石油和投入其中的分解劑，可說是非常少。」
- ‧「我想，這場災難對於環境的影響應該是非常、非常有限。」
- ‧「沒有人比我更想了結這件事。我希望自己的生活可以重來。」

同樣的，其他石油公司也在漏油事件之後才學到教訓。公司主管費依在事件後重要的反省：「我們考慮了所有的科學觀點、技術觀點，也理所當然地考慮了法律觀點，你可以說或許這些做法有些太過主

觀，但我們當時並未將心理與情緒因素納入考量，而這卻是人之所以為人的原因」（貝澤曼與華金斯，2008）。許多案例發現，類似的發言並未考慮到組織外部利益團體的角度。我們將在以下章節，討論外部利益團體分析工具與過度自信的領導團隊。

2-9
結構性規劃的起手式

不管是企業營運持續，還是災後復原，事前準備有其必要。規劃目的在於因應災害來臨之緊急應變，並重點式整理至計畫書中。從IT的角度，企業營運持續／災後復原規劃易從結構性的專案管理著手。本文先從專案管理的角度，規劃基本的觀念與架構。為了和「計畫」一詞有所區隔，本書以「規劃」取代「計劃」。關於這兩者的釐清，我們將在下文討論。

定義為專案基礎

在專案管理第一課，「定義」（Definition）為企業營運持續／災後復原規劃專案之基礎，但也容易被人忽略。

Susan & Chris（2014）發現，在沒有下功夫深入瞭解專案背後真正的需求（Requirement）時，「定義」往往會包山包海，例如：「企業

營運持續／災後復原規劃目標包含：X、Y、Z」。舉例來說，如果導入的組織屬於中大型企業，可以考慮將企業營運持續與災後復原分為兩個不同的規劃（Susan & Chris，2014）。通常，高階主管眼中的目標與專案主事者的目標不盡相同，更需要透過「定義」的討論縮小彼此認知的差距。

在清楚地界定「定義」之後，「範疇」（Scope）也就呼之欲出。簡單來說，「範疇」就是專案的工作內容。從專案管理三大要素，或稱「專案金三角」（Triple Constrain），「範疇」與「成本」（Cost）與「時間」（Time）息息相關。這三大要素就像是三角形三條線，彼此互相影響，一個因素改變牽連其餘兩個。

倘若專案主事者缺乏相關的經驗，可在企業的目標、現有的IT系統與解決方案供應商的選項中發掘可能的需求，也就是「範疇」中的最後產出，或「交付標的」（Deliverables）。組織的需求可涵蓋商業面、功能面或技術面（Susan and Chris，2014），以便進行後續的風險評估（風險評估將在後續章節討論）。

從專案管理的架構，營運持續計畫有其「工作分解結構」（Work Breakdown Structure），如：風險評估、營運衝擊分析、風險減損策略、緊急應變準備、訓練、測試、稽核與維護。組織根據自己的需求與規劃，逐步擴充上述項目進行以下的細部規劃。

其他細項規劃

　　除了IT的角度之外，有些企業營運持續／災後復原規劃在於補足組織因應災變不足之規劃，如：「緊急應變規劃」（Emergency Response Plan）、「企業復原規劃」（Business Recovery Plan）、「危機管理規劃」（Crisis Management Plan）、「災後復原規劃」（Disaster Recovery Plan）、「風險減損計畫」（Risk Mitigation plan）與「復原規劃」（Restoration Plan）等（Susan & Chris，2014；Virtual Corporation，2016）：

- 在「緊急應變規劃」，緊急應變中心成立之後，第一時間確保人員的安全，再進行資產的損壞評估。
- 「企業復原規劃」確保組織關鍵性的功能可以運作。本整體性的規劃須包含重要部門層級之復原計畫。
- 「危機管理規劃」重點在於組織總部危機管理中心之運作，透過「指揮、控制與通訊」（Command，Control & Communication）掌控各部門的緊急應變之「啓動」（Activation）。
- 「災後復原規劃」包含：關鍵性設備與基礎建設之復原與異地復原內容；「風險減損計畫」規劃須採取之減損行動。
- 「復原規劃」重點在於迅速回復正常營運。

組織可視其資源，分階段發展以上規劃的內容。讀者可參考相關的書籍與研究，以便獲得完整的全貌。

2-10
災後復原專案的關鍵因素

　　國內專案管理認證方興未艾。從工程師，到即將畢業的學生，專案管理證照成為晉升主管或爭取好工作的踏腳石。面對災後復原之路千頭萬緒，專案管理可派上用場嗎？

三大管理要素

　　撇開專案管理的專業術語，我們從專案管理基本觀念一一剖析。

　　專案管理三大要素，或稱「專案金三角」（Triple Constrain），為「範疇」（Scope）、「成本」（Cost）與「時間」（Time）。這三大要素就像是三角形三條線，彼此互相影響，一個因素改變牽連其餘兩個。在這裡需要多加解釋的便是「範疇」。簡單來說，「範疇」就是工作內容。

　　在一般的專案執行，專案負責人需掌握三大要素。即便他無法全盤掌握，至少可以掌握兩個以上。

然而，在災後復原專案中，「範疇」、「成本」與「時間」在短時間很難清楚的確認，成為該主管的最大的壓力。這些要素皆牽涉到委外工程或設備廠商耗時的災後鑑定與報價，最後須由主管評估廠商報價單的合理性與適切性。

　　從無數實際案例中發現，高階主管在公司股價、投資人信心或訂單壓力之下，往往立下不可能的任務：小廠在兩周內復工，大廠在兩個月內復工。採購新設備不可能滿足上述時間的壓力。因此，受災機器設備的除污修復為唯一的方式。然而，在復工的壓力之下，專案負責人犧牲復原的品質，縮減任務與降低成本。未徹底除污的設備零件嚴重交叉污染，可能數月之後造成產品良率下降，甚者設備嚴重受損。即使事後發現，也可能超過保險理賠的期限，無法獲得理賠。

　　除了「時間」因素，災後復原的「範疇」與「成本」也是專案負責人難以掌握之處。他在事前很難預估災害的範圍，大到整個廠房，小到重要的設備機台。有時候，國外原廠機器設備的代理商僅限於雙方維護合約中的模組更換，並不熟悉維修牽涉的開機測試種種細節。不管是零件費用，加上拆卸設備所估算的工時，有時修復機器設備的報價可能超過原設備價值的50%。除了機器設備復原之外，建物復原與廢棄物清除也是專案負責人頭痛之處。這些難題時常在客戶案例中屢見不鮮！

上述的情境只是冰山的一角。災後復原專案存在許多不確定的因素，很難事前定義上述的三大因素。由於牽涉到重要部門與關鍵的資訊，大多數企業很難針對上述的情境進行實務上的演練。

交付品質認定

除了以上三大要素，由於牽涉到保險理賠範圍，復原工程付款方可能會區分為保險公司或受災組織。從保險公司的角度，復原以「恢復災前的狀態」（Restoration）為主，而非受災以「重建」（Reconstruction）。因此，不同的付款方對於品質皆可能有不同的認定。

範疇	許多變更的需求，但通常被拒絕；超額的資訊需求。
時間	時程並未更新。專案一開始就延誤。未包含採購時間。
成本	許多專案超過原成本的預估上限。未能取得變更成本的正式同意函。
品質	經常有內容不符合規定的通知。
安全	各種意外事故。
行政	監工經常離開現場。缺乏與委外單位的會議溝通。工作散漫、缺乏組織。工程付款延宕或有爭議。需求回應的延遲。

表1　災後復原專案管理成效之影響因素 資料來源：Rapp（2011）

Rapp（2011）列舉災後復原專案管理成效之影響因素：範疇、時間、成本、品質、安全與行政。

以上這些影響因子都是專案管理主管的痛點。如果影響因素無法在短時間解決，可能將影響專案滿意度。甚者，任何因素的不確定或變動皆可能影響合作夥伴的信任。

如果上述的情況很難避免，該如何順利推動災後復原專案？Rapp的建議「授權」與「領導」為管理層級必須重視之處。關於災後管理的領導力，將在以下文章內容討論。

此外，大部分企業營持續運規劃（BCP）書籍並未討論災害管理所需的技術內涵。筆者依實務經驗指出他們可能欠缺的「知識體系」（Body of Knowledge），並將在書末附錄內容中討論。

2-11
當應變組織失效

　　如果意外事故像「地鼠」，對於許多人來說緊急應變像「打地鼠」。當他無法預料地鼠從哪裡冒出來，只能見一個打一個。一旦許多地鼠同時冒出來，許多人就會驚慌失措、亂無章法。「卡崔娜颶風」事件爲美國政府組織失靈的典型例子。Elliott，Swartz & Herbane（2002）點出，「當遇到重大事件中斷之後，他們（經理主管）習以爲常的（官僚式）組織會產生一些困難」。到底應變組織和一般熟悉的組織結構有何差異與關係？

各國組織概況

　　在台灣，多數企業經歷過Y2K（2000年）或SARS傳染病（2003年）。有些企業或許視緊急應變小組爲臨時任務編組。一旦危機解除，緊急應變小組也就隨之解散。至今，政府與學校機構設置緊急應變小

組設置作業要點，將該常態性任務編組納入正式組織編制中。

2009年，勞動部職安署（當時為勞委會）頒布的「緊急應變措施技術指引」確定「緊急應變小組」（Emergency Response Team，ERT）為公司的正式組織：「事業單位為因應緊急事故所成立的組織。緊急應變小組應事先成立，且須建立旗下各分組之權責分工。」應變指揮官帶領的「緊急應變小組」包括：指揮團隊（Command Staff）、執行團隊（Operation Staff）、規畫團隊（Planning Staff）、後勤團隊（Logistics Staff）與財務團隊（Finance Staff）。

其中，指揮團隊（Command Staff）可包括以下重要成員：安全官（Safety Officer）、聯絡官（Liaison Officer）與資訊官（Information Officer）。此外，Denis（2000）認為，一個典型的「危機管理小組」包括以下重要角色：主席、生產／製造、中階主管代表、行政、後勤／安全衛生、公共關係／媒體與財務／保險。「危機管理小組」可以結合第一線處理突發事件的「事故管理小組」（Incident Management Teams）。以上這兩種「危機管理小組」角色差異不大，其組織結構即是 Mintzberg（2005）眼中的「靈活型組織」（Adhocracy）。

在英國，內政部（Home Office，1997）與政府資訊中心（Government Centre for Information Systems，1995）取材自英國警察組織發展出的三層架構，被許多企業採納。其三層架構為：策略／經營決策

（Strategy／Executive Board）、戰略／主要協調團隊（Tactics／Central Coordination Team）與營運／商業復原團隊（Operations／Business Recovery Team），並為各自三個階層取為金（Gold）、銀（Silver）與銅（Bronze）（Elliott, Swartz & Herbane，2002）。舉例來說，「經營決策」主要處理協調團隊的爭端、對外發言與股東等關係利害人；「主要協調團隊」主要為確認優先順序與資源配置，像是製造部廠長；「商業復原團隊」帶領第一線人員處理日常生產與製造的工作。除了這三層架構之外，還有一個獨立的「事件調查小組」（Incident Assessment Team），特別是在資訊部門。「事件調查小組」將負責初步災害事件的評估與決定初步的回應。

Elliott, Swartz & Herbane（2002）發現，有些公司會將三層架構整併為兩層架構：「**危機管理小組**」（Crisis Management Team）與「**營運管理小組**」（Business Management Team）。

「危機管理小組」處理對外溝通與法規議題如：公共關係、人事與IT，「復原管理小組」處理內部營運持續議題如：生產、行銷與客戶服務等。尤其，「營運管理小組」進一步協調公司內部復原小組，從復原計畫的執行協助供應鏈的供應商、客戶或相關的利害關係者。

此外，美國發展出另一種緊急應變組織。根據美國國土安全部（2008），「事故指揮系統」（Incident Command System，ICS）定義為

「大規模適用的管理系統，藉由在一個共同性的組織架構下整合設施、設備、人員、程序與溝通，以確保有效果、有效率的事故管理。」其組成包括：營運（Operations）、後勤（Logistics）、規劃（Planning）、財務／行政（Finance／Administration）（Moynihan，2008）。這個組織架構起源自1970年代加州緊急應變中心為了改善森林大火協調工作。缺乏共同性的溝通系統、組織架構、專有名詞與管理系統造成當初不同行政單位救火人員協調上的困難。2004年，因應9/11後成立的「國家突發事件管理系統」（National Incident Management Systems，NIMS）便沿用這個組織架構。

不管緊急應變小組成員數量或組織差異，「指揮及控制」（Command-and-Control）仍為美國緊急應變組織的核心運作原則。「事故指揮系統」統一指揮中心是為了「在不同政府層級下的功能與行政中心的組織下缺乏共同性的組織架構，克服無效與重複的努力。」

意義建構

針對「指揮及控制」組織，歐美學者提出諸多反思與批評。針對美國ICS缺失，代表性的學者Drabek（2007）提到，「根植於指揮及控制詞藻與方向的老舊管理典範下有限度的可用，以及徹底的不適

用」。貝澤曼與華金斯（2008）強調在資訊不足的情況下，可能導致以下的組織失靈：

- **掃描失靈**：對於外在或內在環境，組織缺乏掃描重大威脅的資訊。
- **整合失靈**：組織缺乏整合各部門的資訊，並轉化爲行動指南。
- **動機失靈**：在資訊缺乏的情況下，管理者缺乏採取行動的動機。
- **學習失靈**：組織未能從過去失敗的經驗學習，避免重蹈覆轍。

美國歷史上有場著名的「1949年曼恩峽谷（Mann Gulch）森林火災」導致13個救火人員喪命的悲劇。這個悲劇不僅導致許多家庭支離破碎，甚至親人過度悲傷因而自殺。在這次舉國震驚的事件爲後續美國森林火災的科學研究奠定基礎。

曼恩峽谷位於美麗的蒙大拿州。1949年8月5日中午12點25分，起火點發生在Helena山丘北方約20公里。這是此區救火員熟悉的場景。他們認爲這次火災就像以往一樣，滅完火就可以回家。下午5點，直升機將他們載到離密蘇里河較近的區域，以便開始行動。下午5點30分，救火員萬萬料想不到，新的起火點阻絕他們接近密蘇里河。

資深的救火員道奇（Dodge）料想，熊熊大火可能在半小時內就會將他們完全吞噬。他對大家大喊，趕快丟掉沉重的打火裝備，拔腿

就跑。在這危及時刻，道奇先生意識到，所有人可能無法脫困。下午5點55分，道奇決定放手一搏，主動放火燃燒前面草地，火往前燒形成防火區。他請其他人進來以便脫身。只不過，在這危急慌亂時機，其他人顧著拔腿而跑，5分鐘後火舌迅速跟上了他們。家屬控告政府部門失職，指揮中心不應該誤判小火，把救火員直接空降到危險的地方。

38年後，諾曼·麥克林（Norman Maclean）決定還原當時情景，撰寫他人生第二本書《青年與火》（*Young Men and Fire*）。這位麥克林先生就是電影《大河戀》（*A River Runs Through It*）原著小說作者。後來，美國卡爾維克（Karl Weick）教授以麥克林的書為文本，發展出管理組織學具啟發性的「建構意義」（Make Sense）觀念。

為何道奇先生存活下來，但是其他人卻沒有？在生死一瞬間，木工出身的道奇聯想印第安人常用的方法，從危急的環境體會「脫困火區」（Escape Fire）意義。但是，道奇「以火攻火」作法令其他救火員匪夷所思，因為並非當時救火員訓練的正規方法。

卡爾維克發現，深陷於森林熊熊大火中，「那就是空降救火員或許感覺到他們這群團隊組織逐漸消失。當他們喪失組織的感覺，焦慮不安讓他們更無法建構意義當下正發生的狀況」（Weick，1993）。卡爾維克進一步反思當代理性組織的邏輯：「決策的世界關於策略的理性。它是基於清楚的問題與解答，以便消弭無知。辨識的世界是不同

的。意義建構是關於情境的理性。它基於模糊的問題，渾沌的解答與協商後的同意，以便降低混亂。」這就是卡爾維克提醒我們，這個悲劇警告當代理性組織中充滿不可預期的弱點。

UNISDR（2014）也引用上述「意義建構」的理論。在個人與組織的反思（Reflection）之後，如何累積成為「組織性學習」？甚者，倘若「組織性學習」重點在於累積新知識，下一步在於如何促進韌性「學習型組織」？ UNISR報告引用聖吉（1990）：「大家持續性探索如何創造成（組織）現在的樣子，而且如何改變它」。

從學習型組織的理論借鏡，韌性組織不斷地精益求精。以智利礦場事故為例，哈佛教授點出組織設計的重要性：「為了推動救援工作，蘇加瑞採用的組織設計，結合集權與分散管理元素。每天與礦工家屬及媒體的溝通，以及技術主管每天早上的最新情況報告會，都是嚴格控制的活動。分組技術主管每天早上會面，應用嚴格的溝通規則處理日、夜班交接事宜和執行例行保養工作。在此同時，他們可以獨立設計和執行任何他們想做的試驗」（拉希德、艾蒙森、李奧納，2015）。關於智利礦場事故案例，我們將在其他章節討論。

除了避免官僚組織，蘇加瑞先生也適度引進人才專家或送走不適

任的人。這樣的組織設計，從災害的發展階段中建構團隊的共識，以便排除問題確認與解決方案的模糊地帶。這就是傳統「指揮及控制」領導者無法真正掌握在災害情境的關鍵性線索。我們將在下文討論過度自信的領導團隊。

2-12
過度自信的領導團隊

　　「卡崔娜颶風」（Hurricane Katrina）凸顯美國政府缺乏面對重大災難的警覺性。在檢討「卡崔娜颶風」報告中，國會議員沉痛的指出：「如果911事件是情境預測的失敗，Katrina颶風是安全法案的失敗。這就是領導力失敗」。他們批評國土安全部官僚、漠不關心（Detached），揚言要部長Michael Chertoff下台。

為何過度自信？

　　不僅在美國，類似的情況也發生在台灣。2003年，全民抵抗「嚴重疾病呼吸道症候群」（SARS）是我們的共同記憶。當時沒有治療SARS的特效藥，總計造成全台84人死亡，11名醫護人員殉職，674人染病。此疫情創下台灣有史以來首現如台北市和平醫院封院、社區封樓等措施。許多組織啟動持續營運計劃，將疑似感染員工或海外回

國員工進行居家隔離，總計約有17萬人受到影響。在三個多月中，經濟活動蕭條，房市與股市雙雙下跌，對整體經濟影響達數百億元。

前抗SARS醫師林秉鴻醫生曾在他的隔離日記提到：「在A棟隔離時，我覺得我有可能不會活著出來，所以寫了這篇日記。政府怎麼會發明這種隔離措施？把一千多名和平員工全部召回跟SARS病人關在一起。這不是要作一千多份的病毒培養嗎？」和平醫院員工提到當時第一線人員的質疑：「因為剛開始的政策，他說是封院，然後沒有一定的期限……是你政策有問題，你隔離方式也有問題，你通知的方式也有問題，你對待這些員工，對待這些醫院的員工也是有問題。」林醫生希望高層了解他們的心聲：「我們用盡各種關係想讓長官明瞭，A棟立刻疏散的必要性。A2又傳出一位常往來AB棟支援的人，吃退燒藥隱瞞三天的發燒，後來病情變嚴重而被發現。」

台灣大學公共衛生學院教授詹長權指出了SARS緊急應變領導團隊的盲點：「我們現在很難判斷說，到底那時候台北市有沒有足夠的資訊來這樣判斷，有沒有足夠的專業來判斷，說他（防疫）的大戰略？把它拉到社區感染，而非院內感染。是專業不足呢，還是資訊不足？」他也省思SARS緊急應變下的領導權：「你平常不扭轉這個，那你說到發生危機的時候，就訴諸於你平常最少用的行政權，可以來扭曲醫療生態，扭曲醫院的運作，正常運作的這些力量。」

為何領導團隊面對危機時可能會過度自信？美國「聯邦緊急事務管理署」（Federal Emergency Management Agency，FEMA）指出，時間為其關鍵因素。在非緊急的決策，管理團隊可以謹慎地決策、可以團隊討論、可以有時間討論各種條件，讓各利害關係人接受；反之，在緊急的決策，管理團隊須迅速蒐集資訊並達成共識、從優先順序中擇一、在規劃階段的決策中強化結果，甚至壓力也可能是一個因素。

更進一步，FEMA指出危機決策團隊可能碰到的瓶頸：

· **時間壓力**

· **資訊問題**：資訊問題常見是資訊不足、不正確的資訊，或是相衝突的資訊。

· **缺乏綜觀**：過度專注於非顯著的細節或目標。

· **疲勞**：睡眠不足或疲勞可能造成選擇性的認知，可能會注意立即性或實體需求。

· **優先順序的矛盾**：當關鍵性決策者陷入優先順序的矛盾，可能造成不確定感或決策延遲。

· **各種壓力的來源**，如：不確定、過高期待、資訊不足或過載。

OECD（2014）在報告中強調「領導者，或那些協助安排優先順序方案者，或許在領導者或團隊面對未來危機的能力過度自信。經常

可以在資深政策制定者或團隊中聽到這樣的話：『我們天天在做危機管理。』」在缺乏災害管理實務經驗之下，高階主管可能無法體會在過程中領導策略的轉變。

領導策略轉變

因應災害管理為移動中的目標，到底高階主管採取什麼樣的因應策略？我們借用策略管理大師亨利‧明茲伯格（Henry Mintzberg，2006）策略學派，點出災前與災後企業的策略轉變。

災前企業領導團隊通常採用「規劃學派」策略，如：正式的程序、正式的訓練，或正式的分析等。為了能夠有效的執行，所有的策略將會被細分為「次要」的策略，因而在組織上產生許多「科層組織」，以便能夠實際的運作。舉例來說，高階主管制定長期計畫，中階主管制定中期計畫，而基層主管制定短期計畫。尤其是，「目標會催促策略的擬定。而策略的擬定後則促成行動方案的產生，基於控制目的之行動方案會影響預算」（Mintzberg，2006）。

「規劃學派」在半導體產業或製造業已成為主要的策略常規。然而，大家奉為圭臬的「規劃學派」並不是沒有缺點，它本身存在著三大謬誤：（1）預先決定的謬誤、（2）明顯區隔的謬誤與（3）制度化

的謬誤。（1）假設前提是穩定的外在環境，否則設定長期計畫就不具意義；（2）的假設是思想與行動分開，亦及策略與行動方案是區隔的；（3）假設這個過程是代替直覺，為策略制定的最佳實務。

一旦意外災害發生後，處於混亂期的組織策略從「規劃學派」可能轉變為「認知學派」、「學習學派」或「環境學派」。「認知學派」領導者相信「眼見為憑」，不僅反映在資訊處理，也是是領導者的心智地圖、概念獲得，甚至詮釋架構。「學習學派」策略支持者發現「當明顯的策略方向真的發生改變時，很少是一項正式規劃的結果。更確切地說，它甚至往往不是在高階主管的辦公室裏完成的⋯⋯換句話說，組織中任何層級、資訊靈通的個人，都可能在策略形成過程之中貢獻一己之力。」「定位學派」支持者主張在「運用分析的方法已確認各種情境與策略之關係」。

演練的價值

為了對症下藥，英國內閣辦公室（Cabinet Office）強調演練在高階主管訓練的重要性：「由於錯誤的自信可能會隱藏在計畫細節中，除非計畫進行演練，並證實可行，才會被視為有效。」

以航空業為例，英國O航空公司在連續兩年（2016-2017）無預警

發生電腦系統停擺事件（Press Association，2017）。前一個事件為美國自助報到櫃台當機，另一個事件影響英國機場營運系統，包括報到櫃台與電話客服中心。其實，其他航空公司也曾面臨這類棘手問題。美國P航空公司也曾在2016年發生電腦當機，取消超過2,100個航班（Shen，2016）。

有鑑於此，我國Q航空在新加坡機場進行手動操作操練演習。對於被挑選的乘客，櫃台服務人員以人工程序代替電腦登錄作業。從櫃檯身分確認、登記與造冊，甚至連機場的出境海關，都配合手寫的登機作業。平均每個乘客的人工作業需時約十五分鐘。

2001年，位於紐約世界貿易大樓的「摩根史坦利」公司（Morgan Stanley）員工曾經面臨911恐怖攻擊生死存亡的關頭（Coutu，2002）。兩架被暴徒脅持的飛機，在上班時間直接撞上世界貿易大樓。總計三千人左右遇難，直接損失或費用高達250億美元，包括雙子星大樓重建工程。

回溯1993年，同一棟建物發生汽車炸彈爆炸事件。Morgan Stanley安全副總經理開始教育全體員工，進行實地的疏散演習。每季演練引起許多員工抱怨連連。不管是開會中，或是電話會議，一律被通知進行演習。

這看似杞憂天的演練，沒想到八年後竟然派上用場。2001年，恐

攻飛機直接撞擊世界貿易大樓。公司高層下令啓動緊急疏散程序，兩千七百名員工在十五分鐘內完全撤離大樓。如果沒有事前的演練，上千名員工怎麼可能在這麼短時間之內淨空！

歷經無數災後復原案例，我們希望公司高層不再像《國王的新衣》預言故事。主管的自信假象被眞實的災害一次戳破，董事會與總經理才恍然大悟。我們將在下文，分析演練在韌性教育訓練扮演的角色。

2-13
措手不及的組織應變

從無數的客戶案例發現：儘管組織成立緊急應變小組，為何災後應變管理令人措手不及？除了千頭萬緒的待辦事項，如何抽絲剝繭揭開應變管理所面臨組織的挑戰？

外部利益團體

組織成員需接觸平日接觸不到的利益團體。如前所述，從保險理賠的角度，常見理賠作業輔助人包含：保險公證人、災後復原公司、鑑定公司（災因鑑定、土木、結構等技師）、殘值商、律師與會計師。

除理賠作業輔助人之外，一旦組織面臨大型災害，領導團隊可能須面對新的利益關係人，如：政府環保法規、政府消防救災團隊、醫院或工業區標準等。在大型災害發生之後，這些關係人開始介入，建立彼此關連性的結構。Rasmussen & Svedung（2000）分析災因調查

AcciMap發現，由於大型事故的利益團體「在平日功能性不相連，僅在事故發生之後才產生關連性的結構。」一旦他們開始介入、逐步建立關連性的結構，緊急應變團隊不能忽略他們的規定或需求。

對於大多數人來說，災後第一次接觸到這些任務與外部團體，都大幅逾越他們日常工作的經驗。以下就災後組織的應變模式深入探討。

組織化應變研究

Kreps & Susan（2006）提到，過去危機研究的分析對象以個人為主，缺乏組織的分析對象。根據Disaster Research Center 研究中心從1963年至今累積的個案，他們整理出面對災害時「組織化回應」（Organized Response）的具體模式。

在災害救援，政府組織或民間團體在第一時間抵達現場。Kreps and Susan發現，這種「組織化回應」有四種類型：（1）現行的組織—在既有組織處理經常性任務（Tasks）（如醫院、消防隊等）；（2）擴展型組織—在新增組織（如：增加義工）處理經常性任務（如：紅十字會等）；（3）延伸性組織—在既有的組織處理新的立即性任務；（4）發展中的組織—在新增組織處理新的立即性任務。（1）與（2）人員處理具體的任務；然而，（3）與（4）人員處理不確定的任務。

任務：經常性（Regular）

| 第一種類型
現行的組織（Established） | 第二種類型
擴展型組織（Expanding） |

舊（Old）　――――――――――――――――――――――――　新（New）

| 第三種類型
延伸性組織（Extending） | 第四種類型
發展中的組織（Emergent） |

任務：非經常性（Nonregular）

圖3　四種組織化回應的樣態

　　面對災害時，組織形成（Emergence of Organization）的兩種特徵有：「正式組織」（Formal Organizing）或「集體行動」（Collective Behavior）。前者為管理學通稱的指揮型「上到下」（Top Down），後者則是自發性「下到上」（Bottom Up）。對照上述的類型，（1）與（3）是在正式組織下執行任務，（2）與（4）是在形成的新組織下執行任務。過去主要的研究案例為（1）組織（如醫院、消防隊等）投入處理（4）新環境、新任務。

　　Kreps & Susan進一步研究，組織化回應的「正式組織」與「集體行動」差異在於組織化回應四大要素的順序。組織化回應四大要素為：「領域」（Domain）、「任務」（Tasks）、「資源」（Resources）與「活動」（Activities）。「領域」為單位存在的顯性目的，如：部門或專

業；「任務」為「創建」（Enactment，後續詳述）活動下的專業分工；資源不僅包含有形的財物與設備，以及無形的個人能力與團體技能；活動為在特定時空下個人與單位產生之行動。「正式組織」在「領域」與「任務」確認之後，才會動員「資源」與展開「活動」，順序為「領域—任務—資源—活動」（D—T—R—A）；反之，「集體行動」先行展開「活動」與動員「資源」，然後執行「任務」與確認「領域」，順序為「活動—資源—任務—領域」（A—R—T—D）。

為了適應災後環境，組織如何改變？根據Kreps & Susan過去的研究，大部分（66%）案例改變落在「活動」（A）或「資源」（R）單一要素與這兩個要素改變，其次（22%）牽涉「活動」（A）、「資源」（R）、「任務」（T）三個要素的改變，最少的（12%）為四個要素同時改變。

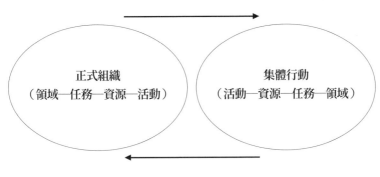

圖4　結構性的連續體

以一個典型的印刷電路板（PCB）廠大火為例，數月停工可能導致競爭者卡位、客戶轉單，甚至大批員工休假。工廠重建之路複雜而漫長。除了災害是否造成建物結構的影響，機器設備的重新採購可能長達半年以上。這個例子說明，災後組織可能涉及的改變包括：「領域」（如：跨部門重建小組成立）、「任務」（如：工廠重建、產能重新規劃）、「資源」（如：災害鑑定、結構建築專家、復原專家）與「活動」（如：設備維修）。

　　在缺乏災後管理的經驗與知識，管理階層無法理解災害管理是異常管理。災後復原專案的任務隨時變更，像是「移動中的目標」。況且，經驗不足的主管沒有方向，不知如何將事情做對。對於第一線人員，缺乏復原的經驗可能將導致「蝴蝶效應」。不當的搶救措施不僅增加復原時間，後續更增加復原成本和困難度。以下我們將細細剖析箇中原因。

2-14
敏捷與韌性——相異卻相應的朋友

因應全球複雜多變VUCA環境，敏捷和韌性爲組織轉型的關鍵性思維。VUCA爲逸散、不確定、複雜和模糊（Volatile, Uncertain, Complex and Ambiguous）的縮寫。

從字面意義上看，敏捷爲保持警覺的能力，成爲當今面對VUCA新常態的應變力；韌性培養災後恢復力，爲災害管理實務之延伸。

有人形容敏捷與韌性就像是錢幣正反面，缺一不可。兩者看似相異的概念，但又互有交集。

快速犯錯的敏捷

常見於**事前預應（Pro-active）階段，敏捷已成爲當代靈活性組織的實務作法**，常見於IT專案開發。

傳統軟體專案開發採用瀑布式開發（Waterfall）方法，很難因應大

型專案的複雜性管理問題，以及產品版本更新不穩定的風險。在Spotify
尚未導入敏捷之前，當時桌面程式（Desktop）屬於由少數人開發、龐
大的應用程式。隨著專案數量逐漸增長，不同程式版本的發布要彼此同
步，新版本要等到數月之後才能逐漸穩定。

在導入敏捷之後，Spotify將桌面程式開發分為三個模組：客戶
端應用（Client App）、功能特性（Feature）與基礎建設（Infrastruc-
ture）。這三個模組分別由不同的專案團隊負責。舉例來說，客戶端應用
負責不同的客戶端平台，功能特性負責如搜尋引擎等app功能，基礎建
設執行測試、監控等經常性任務或提供各種工具。

萬一失敗，敏捷團隊得以快速學習。相較於過去一年IT專案開發
時間，三個月通常為敏捷專案的時程，也包含客戶的需求確認。萬一開
發的專案不是客戶想要的，可將投入專案的損失降到最低。在導入敏捷
之後，Spotify創辦人Daniel Ek說：「我們刻意比別人更快的犯錯」（We
aim to make mistakes faster than anyone else）。Spotify營造包容失敗的環
境，因為快速失敗才會快速學習，進而迅速改善。Spotify強調，「比起
避免失敗，我們對於快速失敗的復原更有興趣」（We're more interested
in fast failure recovery than failure avoidance）。Spotify內部有分享失敗經
驗的失敗牆（Fail Wall）、檢討失敗成因會議，或是「慶祝失敗」（Cel-
ebrate Failures）這類部落格文章。

在逐步建立組織敏捷，Spotify內部倡議「有限爆炸半徑」（Limited Blast Radius）。萬一某個團隊出錯，僅限於系統小部分的影響，不至於影響到全局。由於敏捷團隊負責某模組所有開發的責任，因此可以自行迅速修復問題，不需要等到其他團隊的回應。

這正是敏捷團隊快速因應軟體上市後出錯失敗，朝向韌性的正循環存活階段發展。

韌性中有敏捷

從事後回應（Re-active）階段，韌性為存活（Surviving）到存續（Thriving）的能力。

以往的災害管理含緊急應變、營運持續與災後復原。存活就是緊急應變的首要目標，如火災的救人滅火，或是駭客入侵的止血方案（A方案）。這類型的搶救服務常見於365／24／7（365天、每天24小時、每周7天）緊急熱線的服務提供者，如資安鑑識、資安監控中心（Security Operation Center）、災後減損（含復原服務）公司、救護車、消防局等。

營運持續與災後復原就屬於存續。簡單來說，營運持續為災後B方案選項。如果組織B方案屬於保險範疇，其理賠原則為恢復災前的

營運狀態。因此，可復原設備之修復爲建議採納的方案，不但省時也省錢，達到工廠盡速復工的目標；倘若B方案不在保險理賠範疇，例如臨時轉單至友廠便爲C方案。

韌性管理便在存活（A方案）與存續（B、C方案）之間取得平衡。韌性並非僅用到組織管理學上靜態的餘裕（Slack），這種動態能力在平日卽需培養，等到災後應變時無暇訓練、直接上場。韌性像是反彈的皮球，儲存「捲土重來」（Bounce Back）彈力；甚者，積極面的韌性爲像是化學反應的火藥，蓄積「更上層樓」（Bounce Forward）爆發力。不論哪一種復原方案，都需要敏捷文化因應這些非典型的災後專案與任務。

2-15
當資安標準遇到管理

　　國際資安標準形形色色，本文簡述各種標準的內容，提供董監事、公司高階主管與資安管理者參考。

　　就一般人的印象，國際資安標準不是充滿複雜難懂的條文，就是為了客戶或政策要求下而推動。自標準ISO 27001公布後，新一波國際資安標準紛紛出爐，也成為國內各大資安研討會的主題。在數位韌性的趨勢下，到底高階主管如何從管理意涵理解最新的資安標準？為了和過去資安標準有所區隔，以下就簡稱為數位韌性標準。

　　如何溝通資安標準的管理意涵，一直是作者推廣資安標準的主軸。BS7799是作者取得第一張資安證照，於2004年協助技術服務中心推動政府A級單位認證之專案。當時，政府機關率先取得英國國家資安標準BS7799認證，以達國際資安合規水準。隔年，BS7799改版更新成為ISO 27001。以下就參與評量顧問、標準制定與本土化手冊評審之經驗，分享這幾年實務應用的心得與體會。

在過去「資安 1.0」時代，資訊（資安）人以技術面管理為主，以因應地域性電腦病毒的攻擊。2014 年，Gartner 報告探討新資安典範移轉的重要性，甚至大膽提出「預防無效論」（前譯為「預防無用論」）觀點。面對後疫情國際駭客攻擊，企業宜採納數位韌性的國際實務，以因應防不勝防的「資安 2.0」挑戰。尤其在後疫情時代，數位韌性成為企業推動數位轉型之基石。

標準的管理議題

一般人可能會有疑問：資安不就是執行那些會被稽核的控制點？為何還要研究這些數位韌性標準背後的框架，或是管理原則？

以 ISO 27001 為例，該標準採用為人熟知的 PDCA 管理原則：計畫、執行、查核、行動。不同的數位韌性標準也有不同的管理原則，或特定須解決的資安議題。以下針對 NIST CSF、SEMI E187、IEC/ISA 62443 與 CMMC，就我的專案經驗分析這些標準背後的管理議題。

NIST CSF

從 2014 年推廣至今，美國「國家標準技術研究所」（National Institute of Standards and Technology，NIST）「網路安全管理架構」產業

標準（Cybersecurity Framework，CSF）已成爲國際數位韌性的實務性標準。2024年公布2.0版本的特色見本書其他章節。

在1.1版的說明，CSF框架採用風險管理程序，並扣緊組織宣達資安決策與優先順序之安排。從企業策略的角度，思考組織資安風險管理之生命週期。從ISO 31000（或ISO 27005）風險管理角度，組織或許會採取不同風險處置的方式，如減損（Mitigate，或「抵減」）、移轉（Transfer）、規避（Avoid）與接受（Accept，或「承擔」），端靠企業關鍵性服務之潛在衝擊分析。最後，企業依據風險容忍度，可安排資安活動之優先順序。

SEMI E187

2022年由美國半導體協會（SEMI）公布最新機台資安標準 SEMI E187，重點爲解決半導體機台安裝的老舊軟體（Legacy）問題。何謂老舊設備？舉例來說，室內裝潢時常被詢問是否更換管線。早期電線配置不見得符合最新的用電需求，可能會成爲潛在電線走火的隱患。如果不在完工前一併解決，事後很難處理。表面上，管線更換看不到裝潢的效益，也是爲數不小的一筆費用，但是爲必要的支出。

老舊設備常見於工廠領域，但老舊軟體的資安問題容易被忽略，尤其是國外原廠設備。某基礎建施業者電力設備採用日本原廠，一旦

設備需要軟體更新（Patch Updates）後須送回日本重新驗證。設備使用者嫌麻煩也不會去深究，就推說設備沒有資安問題。如果設備軟體沒有更新，等於是將產線門戶大開。一旦IT資安防禦被突破，駭客便可輕易長驅直入。

況且設備軟體屬於整體供應鏈的一環，單一廠商很難介入解決。在國內半導體跨界資安專家通力合作之下，這個標準可望解決這個棘手的全球供應鏈資安議題。

IEC／ISA 62443

針對工廠設備資安，國際自動化學會（International Society for Automation，ISA）。自2009年起，陸續公布工業自動化及控制系統 IEC/ISA 62443 系列標準的內容。

這個系列標準欲解決設備資安所有權（Cybersecurity Ownership）的問題：到底設備資安該由誰負責？公司IT、資安、設備使用者、採購，還是設備廠商？就像是上述半導體機台老舊軟體的問題，採購希望設備使用者提出設備規格條件；設備使用者認為這不是他的職掌或KPI績效指標，IT或資安才有專長；IT或資安認為生產設備不是由他們管理。因此，這個關鍵性資安議題成為三不管地帶。

IEC／ISA 62443 界定由設備使用者負責設備資安管理。從維護

的角度，軟體更新是否為設備維護的一環？答案是肯定的。以前設備使用者只負責記錄通報硬體故障，並不負責軟體。該標準協助設備使用者釐清第三方服務提供者與整合服務提供者的角色與任務。其次，資安管理系統（Cyber Security Management System）、工廠資產盤點、工廠資安架構（如Reference Model）、設備資安風險評估與軟體更新流程等都是工廠亟須建立的資安管理機制。

CMMC

2019年，美國國防部正式宣布網路安全成熟度模型驗證（Cyber-security Maturity Model Certification，CMMC）1.0版本，成為要求承包商遵循的資安標準。延續軟體能力成熟度模型（Capability Maturity Model，CMM），卡內基美濃大學依此成熟度原則發展出資安標準。

在17個領域、171個資安實務中，CMMC 1.0 版以五大成熟度層級、驗證組織資安流程與能力之執行。CMMC 2.0 版於兩年後推出，簡化成三大成熟度層級：基礎型（Foundational）、先進型（Advanced）與專家型（Expert）。基礎型評估為年度自我評估，先進型評估含自我評估與認可的第三方驗證，最後專家型評估由政府主導進行。CMMC 2.0 版與NIST標準彼此對照，以求呼應最新的國際資安實務。

企業資安態勢（Posture）

不管是在演講分享的場合，還是客戶的評量專案，作者常被問起如何為企業評量打分數，或是資安成熟度的問題。

在成熟度議題上，不同的數位韌性標準有各自的解讀。

NIST CSF v1.1不強調自己在資安標準的成熟度評分，甚至陳述實施的四個層級不代表成熟度。縱觀國際第三方認驗證單位，數位韌性標準可做為產業成熟度（產業評比）或企業資安態勢（自我評比）的衡量基準。在產業成熟度資訊無法取得之下，企業以數位韌性標準作為自評工具為具體可行方式。

在這一波國際的主流討論，資安態勢成為業界應用推廣的焦點。何謂態勢？以身體為例，姿勢因人而異，但也有許多相關研究著重在姿勢與身體健康之關係。如果IT是企業的先天遺傳，資安態勢就是後天學習。透過數位韌性標準，評量企業資安體質的現況（As-Is），聚焦未來（To-Be）的輪廓，才能制定合宜的資安行動方案。

標準不只是標準

在法規或客戶的要求下，國內通過ISO 27001驗證的組織多半由

IT部門先導入，頂多再加上研發單位與客戶在意的業務單位。在不熟悉數位韌性標準之下，IT通常會有類似的回應，IT都有做數位韌性標準的控制項。

這樣思維無形之中限縮公司資安風險盤點的範圍。以某國際3C代工客戶為例，IT部門強調他們已導入ISO 27001。事實上，全公司僅有IT部門通過驗證，其資安風險的鑑別範圍局限於IT系統，並沒有包括工廠資安，更無涵蓋公司整體的資安風險。

其次，資安風險盤點也涉及到部門職掌。如前所述，CSF是從風險管理思維發展的標準。以某個客戶資訊部門資安主管為例，他強調CSF是管理框架，對於IT幫助不大；至於CSF提到的風險管理，由公司的風險管理委員會負責，他只在意IT有關的資安標準或指標。

因此，這一波新的國際資安標準不僅強調國內忽視的風險管理框架、老舊系統與所有權等管理議題，更開啟企業資安態勢之研究應用，驅動國際數位韌性最佳實務。

* 原文刊載於2022/2/8《CIO IT經理人》網站，並適度編輯更新。

2-16

全球資安缺口的現象與補強
——寫於ISC2安全大會後

全球資安領域非營利教育認證組織 ISC2（International Information System Security Certification Consortium）年度盛會Security Congress，2023年在美國田納西州鄉村音樂搖籃納什維爾（Nashville）盛大舉行。本次有幸領取2023年亞太區全球成就獎（Global Achievement Awards，APAC）中級專家獎（Mid-Career Award），並參與本次資安界盛會。作者整理研討會的重點，以及ISC2關注的趨勢與焦點。

ISC2執行長羅梭（Clar Rosso）女士彙整資安六大議題，威脅環境、勞動力缺口、技能缺口、人工智慧、安全設計（Secure by Design）和法規政策，並從ISC2角度提出因應之道。

威脅環境

因應駭客攻擊日益遽增，ISC2因應之道為自身組織持續演化，以確保會員獲得所需的學習，以達到更好的認證成效。關於資安險、第三方風險、供應鏈風險和新興議題，ISC2已成立任務小組，以便在會員拓展這些議題領域中即時提供所需的資訊和資源。

勞動力缺口

　　過去ISC2資安人員勞動力調查報告中，勞動力缺口一直是首要威脅。2023年，ISC2預估全球資安從業人員為550萬人；此數據相較於去年，成長幅度大約8.7％，在疫情期間約有39%增長。儘管求職者不斷挹注資安領域，全球人力缺口仍高達400萬左右。

　　儘管勞動力缺口為全球普遍存在的資安問題，弔詭的是在調查報告中49％回覆者認為2024年將減少資安人員數量。Clar強調，資安人手不足將會造成五大嚴重的管理問題：

　　・缺乏足夠時間進行適當的風險評估。

　　・流程和程序的疏忽。

　　・系統配置錯誤（Misconfiguration）。

　　・對關鍵性系統的修補更新緩慢。

　　・威脅意識不足。

ISC2因應之道為推廣初階的「資訊安全認證」（Certified in Cybersecurity；簡稱CC）。針對有意從事資安（如學生和轉換職場跑道者），ISC2推薦考取資訊安全認證CC。目前全球約百萬人取得了CC認證，ISC2初步分析此證照的成效：（1）獲得CC認證學生，30％目前已有工作，其中38％擔任資安職務；（2）獲得CC但尚未就業者，29％目前已經上班，其中44％擔任資安職務。

在全球各地，ISC2與合作夥伴的計畫已產生不同的成效。在迦納（Ghana），合作夥伴在一個月內培訓200人獲得CC；新加坡將近有1萬2千名全職資安專業人士。網路安全局（Cybersecurity Agency）承諾將拓展資安人才訓練計畫，以培訓1萬人獲得CC為目標；在日本，ISC2與東京海上產險公司（Tokyo Marine）簽署合作協議，將資安認證課程與相關計畫拓展至旗下的保險組織和現有客戶。

除了培訓課程之外，資安人才配套措施也很重要。根據ISC2調查報告，建議的因應之道包括：

· 解決薪酬和升遷管道的差距；

· 實施工作任務之輪替；

· 導師計劃；

· 依態度和能力招聘人才；

· 鼓勵IT和資安以外人員從事資安工作。

尤其是69％受訪者同意，包容性環境對他們的成功至關重要，促進團隊成員和管理者的人際關係。如果你是遠距工作者，包容性環境尤其重要。如果資安人在團隊中缺乏建立良好的人際關係，優秀人才將離開組織。另一個關鍵的資安議題爲指責文化。每個人都在同一艘船上，都是指責文化的接受方。最好的方法就是停止指責，確保在自己的團隊中不會發生。

技能缺口

以往，資安技能缺口和資安勞動力缺口畫上等號，這兩者觀念相互替代。爲了凸顯資安技能的重要性，ISC2調查報告將技能缺口的議題獨立出來。

資安人員裁員不僅影響到公司資產負債表，更造成公司處於脆弱的環境。此舉不單純僅是人員離職，更嚴重的是喪失資安團隊中的關鍵性技能。

ISC2調查常見的技能缺口包括：

・雲端安全；

・治理、風險、合規（GRC）；

- 安全工程；

- 風險評估、分析和管理；

- 人工智慧；

- 零信任實施；

- 溝通技能；

- 軟體資安開發SecOps；

- 數位鑑識和事件應變；

- 應用安全。

人工智慧

Clar強調，人工智慧是資訊安全的核心。然而，企業面對人工智慧充滿著矛盾的兩難：一方面要如何保護科技（AI）的發展，但另一方面如何確保AI的安全和道德使用？

如果我們重新詮釋狄更斯《雙城記》的經典，在面對人工智慧時「這是一個最壞的時代，也是一個最好的時代」。人工智慧給資安帶來前所未見的難題，但也可以能創造資安人的新角色與定位。Clar回顧以往IT屬於後勤辦公室。當組織進行策略規劃時，並沒有IT人談論技術。當今人工智慧為資安帶來新的轉折點。人工智慧促使IT／資安人

進入董事會，參與策略規劃會議，資安人不需要額外辯解自己的價值。

ISC2因應之道為以AI釋放資安人潛能。羅梭女士鼓勵資安人：「這是你發揮解決問題、分析與批判的能力」，都是協助資安人適應AI的安全和道德使用的能力。ISC2協助整理AI使用案例或情境，以便學習觀察AI如何發展與應用。

安全設計

安全設計是ISC2 CSSLP（Certified Secure Software Lifecycle Professional）證照的核心。ISC2宣布與Linux基金會和開放安全基金會合作，共同積極努力確保開源社群中的原始碼安全。

法規和政策

羅梭並以機會角度，詮釋資安法規與政策如何為資安人發聲。她提到，資安人可能認為高階主管董事會並不重視資安；然而，全球政策制定者注意到資安的價值，他們理解資安對國家安全和經濟安全的重要性。尤其自去年起，美國、歐盟、英國、加拿大、日本、澳洲、新加坡等資安法規像是「洪水般湧現」。這些法規主要關注到資安勞動力發

展、人工智慧安全、事故和漏洞報告、關鍵性國家基礎設施，以及將資安壓力從消費者移轉至開發者。所以，ISC2 將協調全球不同的資安法規和政策，以減輕會員面對眾多法規的壓力。

最後，羅梭詮釋資安認證的力量為：ISC2認證在正確的時間做對的事情。它不僅僅是一張證書，也不同於供應商的證書。ISC2（證書）**認可資安人的專業知識，以建構具有韌性（resilience）和敏捷（agility）的資安策略**；不僅保護我們的資訊和關鍵資產，還推動創新、驅動全球數位經濟的發展，並捍衛我們的國家。

* 原文刊載於2024/1/10《CIO IT經理人》網站，並適度編輯更新。

Part 3
準備是最好的應變

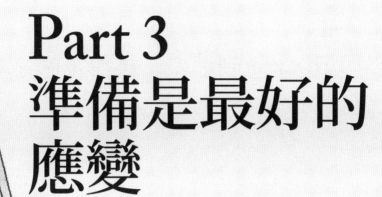

資安事件與資安漏洞之間存在微妙的關係。資訊安全系統與硬體、軟體或人員有關。儘管系統上的漏洞不必然會發生資安事件。但是,不執行軟體修復必將增加資安事件的風險。

一般人可能會好奇地問:軟體哪來這麼多的資安漏洞?在我們每天接觸的電腦環境中,軟體的複雜度可能超乎一般人的想像。

3-1

「災後才想到專家」來得及嗎？

2010年，智利礦場突然坍塌七十萬噸岩石，現場仍有33名礦工等待被救援。從受困者深度、不穩定岩層結構與現場的安全紀錄，現場評估能夠成功救出生還者的機率並不樂觀，低於1％。69天後，礦工全部獲救。

主事者如何辦到的？主持救援行動為安德烈・蘇加瑞先生，擁有超過二十年的採礦經驗。他親自挑選32名專家組成救援團隊，包括：溝通專家、擁有心理學位的風險專家與具人力資源管理經驗的心理學家。為了爭取時效，數個鑽探小組各自試驗不同的方案。甚至，蘇加瑞先生主動向智利海軍、美國太空總署等爭取最新的技術與經驗。

智利礦場事故為極少數在災後「廣結善緣」的成功案例。哈佛商學院教授法齊亞・拉希德等（2015）研究後發現，災害管理接納多元專家的重要性：「在不確定的時期，領導人必須招募一群背景多元的技術高手，但也得要求他們放下先入為主的想法，以及預先構想的方

案。這些專家必須明白，無論他們有多豐富的經驗，都不曾面對眼前的挑戰。」

然而，我們與客戶互動的實際經驗恰好相反。由於缺乏災後復原專案經驗與知識，客戶主管很難全盤考量所須的專家資源。由於企業採購需要貨比三家，採購時程通常曠日廢時，緩不濟急。在與時間賽跑的災後復原，主管如何預先因應災後所需的專家資源？

美國政策

為了不被現行法令綁手綁腳，美國於1974年完成災後搶救及重建復原的母法《災害救助法》（Disaster Relief Act of 1974）。根據「災害救助法」，美國聯邦政府得以協助各州進行災後重建。另一個重要的法令為《2007年國防授權法案》（John Warner National Defense Authorization Act of 2007），在搭配（Federal Supply Schedules Usage Act of 2010），為「總務管理局」（General Services Administration，簡稱GSA）的《災後採購方案》（Disaster Purchasing Program）的重要母法。

何謂《災後採購方案》？根據美國「總務管理局」的定義，《災後採購方案》為「總務管理局」允許各州政府與地方政府取得聯邦政府供應商時程之方案，以便準備或回應總統宣布的重大巨災或恐怖、核

電、化學或放射性攻擊。簡單來說，就是由美國中央政府統一在災前與專家顧問制定合作方案與法律條款，並下放給地方政府運用。

在《災後採購方案》中，清楚定義「**準備**」（Preparedness）、「**回應**」（Response）與「**復原**」（Recovery）的內容：

- ・「準備」：「涉及建立、維持與改善組織能力之規劃、資源、訓練、演練、組織。爲因應潛在的事件與發展領域，準備爲確認所需人員、訓練與設備的流程，針對事件所需能力之特定計畫。」

- ・「回應」：「立即性救人、資產與環境保護，以及符合基本生存所需的行動。回應也包括：緊急應變計畫的執行與短期復原之行動。」

- ・「復原」：「服務與地區性復原計畫之發展、協調與執行；政府營運與服務之重建；個人、民營、非政府與政府方案以提供居住與協助復原；受災者之長期照顧與照料；額外的社會、政治、環境與經濟之復原措施；事件評估之慘痛教訓；災後之追蹤回報；未來事件減損之提案發展。」

「總務管理局」強調《災後採購方案》是自願性，各地方政府可依據當地法令或程序參酌之。除了自願性質，「總務管理局」建議各地方

政府採納「災後採購方案」程序，也符合公平競爭的原則。以俄亥俄州為例，「行政服務部」（Department of Administrative Service）（2008）頒布了《州條款時程》（State Term Schedule），適用於州內學校、機構，或是州政府的財產。倘若採購金額小於兩千五百美元，使用單位可直接使用州政府的預付卡；倘若採購金額大於兩千五百美元，使用單位需使用州政府採購單。

在資訊安全領域，Office of Management and Budget（2012）確認關鍵性聯邦政府IT網路，與《Government Performance and Results Modernization Act》呼應。聯邦政府與17個企業建立合作伙伴的《總體採購決議》（Blanket Purchase Agreement）。

業界作法

除了政府機關的經驗，國際企業也採取「事前約定」作法。通用汽車在全球五十個以上國家設有營業或製造據點。2016年，共超過一百二十五國家行銷、成交上千萬台車輛。每一台汽車超過上千個精密的零件，由世界各地供應商網絡供應。

通用汽車進一步分析潛在災害的風險。他們明確列出上百個風險因子，分屬於策略、財務、營運與災害等四大類型（薛飛，2010）。

爲了預先因應各國潛在的災害，通用汽車與全球知名專家簽訂《初期回應之緊急供應商服務》（Initial Response Emergency Supplier Services）約定。

除了事前的服務約定，最佳典範企業在災前啓動「災後復原規劃」（DRP）。透過該計畫的研究案或教育訓練提升組織的韌性意識，還可在事前充裕的時間與產學專家研擬適當的方案，以期建立符合組織需求的專家資源網絡。

3-2
呼叫專家，我們有麻煩了！

災後復原是「命運」還是「機會」？如果是「命運」，那就「聽天由命」；如果是「機會」，要把握機會、全力以赴。依我們的經驗，客戶不懂得運用專家才是復原機會最大的障礙。

就如在電影《阿波羅13號》中，飾演太空人湯姆漢克向任務控制中心求救的經典台詞：「休士頓，我們有麻煩了！」

眞實案例

這同樣應證這一個行業的特性。的確，**資安專家是二十四小時的緊急救援服務**。

就以某家A銀行為例，資訊部門在假日發現網路異常的緩慢。在銀行的異常通報程序中，倘若重要交易系統出現問題，或某些問題無法在一小時內解決，值班人員必須在假日通報主管。在值班人員通報

主管之後，客戶主管說：「Call（專家）！事實上防毒軟體這個東西比較專業。他們不協助，我們是沒辦法動的。」值班人員啟動通報系統，請年度合約防毒專家前來處理。

除了資安服務，災後復原也是二十四小時待命。通常，每年第四季為半導體客戶的淡季，準備年度歲修作業，也是災後復原業者的淡季。就在11月底，有位重要半導體客戶焦急地以行動電話與我們聯繫，他們最重要的供應商昨天發生火災。

半導體客戶問：「我們最重要的供應商昨天發生火災。你們可以派人協助他們執行搶救工作？」

我回答：「好的，請給我客戶名稱與聯絡電話。」

半導體客戶問：「我給你對方業務窗口的手機號碼，以及董事長的手機號碼。」

我掛斷電話之後，上網查了一下，但今天沒有任何火災的新聞。

我問：「請問是某某某，我是你們的重要客戶介紹的災後復原公司。他們和我們有長期的服務合約，希望我們提供建議給你們參考。」

供應商回答：「我們現場一團亂，正在忙著搶救。」

我解說：「現場千萬不能用水擦（煙灰）。黑色的煙灰有氯離子，碰到水就會變鹽酸。千萬不能用濕抹布，一擦設備就會生鏽。現場儘量做除濕乾燥。細節等我們專家顧問到現場會詳細說明。我隨後通知

我們的專家顧問，也會傳給你他的手機號碼以便後續聯繫。」

供應商回答：「好的。我會與他聯繫，安排他入廠。」

環環相扣的供應鏈

為何半導體客戶要迅速協助該供應商災後復原？因為該供應商是關鍵性廠商，並無替代性方案。倘若供應商無法迅速復原，將直接影響到客戶的產能。

從2013年起，半導體T客戶每年簽訂全球性緊急搶救合約與教育訓練。三年後，「災後復原規劃」（DRP）優先在最賺錢的廠區開始導入。他們相當熟悉災後復原搶救的重點，包括：「重點清單」（Do List）與「排除清單」（Don't List）。不管是工安或資安案例與最佳實務，T客戶已在年度供應鏈大會的主題宣達與推廣。

我們將在後續討論災變造成的供應鏈遞延效應。

3-3

規劃為韌性行動的第一步

　　我們發現，缺乏「災後復原規劃」（DRP）的客戶把注意力放在簡單的工作（例如：清潔大廳），並沒有把產能恢復擺在第一位。

　　一般人面對災後復原的直覺想法是：**簡單的先做**。為什麼會這樣？

沒有規劃，毫無計畫

　　管理者每天面對不同的管理問題。策略管理大師亨利‧明茲伯格（Henry Mintzberg，2005）指出：「『左邊規畫，右邊管理』並不能解決任何問題，反倒為我們帶來一堆難題，但是我相信這些難題也是最基本的問題。在這些難題當中第一個要面對的，就是我們的組織該如何好好利用分析法和直覺法。」

　　一旦面臨巨災的威脅，來不及規劃的管理者可能因而陷入「頭痛醫頭，腳痛醫腳」的直覺式反應。

我們再看另一個例子：2011年7月泰國大洪水。這個長達五個月「慢海嘯」，深遠的影響超過國際大廠BCP計畫。在面對災後復原的壓力，很難從過去的經驗尋找專家資源的協助。況且，許多組織的採購流程緩不濟急。最後，許多廠房被迫走上關廠一途。

預先規劃不會慌

少數組織瞭解「未雨綢繆」勝於「亡羊補牢」。

加州大學爾灣分校（University of California, Irvine）發表過一份校園BCP FAQS說帖。在這份說帖中，學校強調他們已採取持續性目標：「在任何危機事件之下，持續著教學、研究與公共服務；如果這是不可能，將在一個月內恢復這三大功能。這並不代表每棟建物都可以開放、任何課程皆可授課、任何研究皆可進行。這代表著核心課程須可授課、一定數量的研究專案須回復正常，以及師生與加州居民可目睹迅速與完整的復原。」

在推廣BCP時，加州大學爾灣分校學習到：

· 營運持續計畫是營運議題。

· 營運持續計畫並不是「假設性」的問題，而是「何時發生」的問題。

· 大部分組織並沒有準備好面對巨災。

· 早期規劃降低事件的衝擊。

· 不要一拖再拖，今天開始著手營運持續計畫！

　　製造業道康寧公司（Dow Corning）曾公開過他們BCP的重要範疇。CEO會決定危機管理小組啟動時機。IT備援系統迅速提供有效的資料備份與復原。從製造的角度，BCP將有效地管理供應鏈的關鍵性活動。此外，Dow Corning也會個別與供應商確認採購項目，以便減緩客戶因中斷造成原料供應延遲的衝擊。

　　「摩根史坦利」的BCP則包括以下重要內容：企業持續風險情境、企業衝擊分析與部門規劃、危機管理、流行性疾病準備、企業營運測試與工作環境復原。 根據風險情境，發展減損措施包括：人工的權宜之計（Workaround）程序。

　　因此，有人稱BCP為「**商業避震器**」（BCP is the Shock Absorber of Your Business）。就像是法拉利車主，寧願預先投資上百萬的安全課程，在安全的前提之下駕馭千萬名車。

　　韌性行動可以沒有厚厚的計畫書，但不能沒有完善的規劃。舉例來說，加州大學爾灣分校BCP FAQS說帖特別強調：大部分組織並沒

有準備好面對巨災，而早期規劃降低事件的衝擊。我們看過許多書面計畫的陷阱，也有些計畫書缺乏演練而流於形式，將在以下章節討論。

3-4
優先評估關鍵性營運

何謂組織的「關鍵性營運項目」？

讓我們先從個人切身的角度來探討這個問題。國外有一個網站「The Burning House」，蒐集上百個網友認為災後必帶的物品。有位23歲比利時設計師提到，他的必帶物品清單包括：家族合照、父母親的畫作、自己做的陶瓷碗、iPhone、耳機、Lomography相機、眼鏡、有小兔子裝飾的盒子、斑馬飾品、植物、粉紅筆記本、戒指、項鍊、幸運的恐龍卡片、鉛筆、塞內加爾的標誌和刷子、和服等。另一位43歲英國網友列出的清單包括：手機、錢包、銀行卡、附近朋友家的鑰匙、已故母親留下的紀念品和酒杯、筆記型電腦和充電器、弟弟做的時鐘、日記、藏著秘密的娃娃、狗的食物包、牽狗繩。該網站建議網友，物品清單在實用性、價值性與情感性取得平衡。

同樣的，組織在評估內部的關鍵性營運項目時，也需提出自己的評估標準。從組織的角度來看，不見得所有的營運活動都要納入風險

評估，而是以關鍵性的營運項目為優先。

在一場「CLOUDSEC 2017」座談會中，前行政院資通安全處處長簡宏偉先生點出單一部門評估的盲點。由於IT人員不見得全盤了解組織營運的全貌，會以自身的業務角度提出清單。某位幕僚提議公文系統為關鍵性營運項目。簡處長就反問他說，如果公文系統停擺，可以完全用人工代替嗎？答案是可以的，所以公文系統排除在關鍵性營運項目之外。

優先營運項目

何謂優先營運項目？有些情況會將「優先營運項目」等同於「關鍵性功能」。

以學校為例，加州大學爾灣分校提出關鍵性功能的定義：「不能顯著的危害組織的任務、校內的健康、福利或安全，營運功能或資訊不能中斷數小時甚至長達一個月。」但要如何界定？加州大學爾灣分校建議以下原則：支援組織的使命宣言、支援組織上任務性關鍵功能、必須迅速復原者、擁有較高的資產價值、擁有較高的營運衝擊、擁有較高的政策影響，以及擁有法律上的責任。

依組織的商業特性，IT優先營運項目可分為以下不同類型（Gartner，2009）：

1. 電信、網路如：「虛擬私有網路」（VPN）、硬體、作業系統、軟體，或身分識別系統。

2. 客戶／夥伴／市民接觸、利潤產生、供應鏈、「企業資源規劃」（ERP）系統。

3. 不具關鍵性、較少利潤產生功能。

4. 行政功能。

5. 單一部門功能。

另外，也可依據組織的IT系統類型，優先營運項目可區分為：基礎建設（如：虛擬化伺服器、儲存區域網路）、應用系統（如：「客戶關係管理」CRM）、辦公區系統（如：網際網路、電子郵件信箱）、企業流程（如ERP）、生產、製造、營運（如：庫存管理系統或財務系統）（Snedaker & Rima，2014）。

此外，IT特別發展「服務層級」（Service Levels）。其中，內含四個重要因素，包括：**排程**、**可用性**、**預計復原時間**（Recovery Time Objective，RTO）和**資料損失量**（Recovery Point Objective，RPO）。RTO為災後系統中斷到重新啟動所經歷的時間；RPO則是指在災後系統中斷資料損失的狀況。尤其是在電信業，RTO 時間為客戶「服務層級合約」

（Service Levels Agreement）之核心。

中斷成本

在篩選組織優先營運項目後，營業中斷的業務損失可作為營運衝擊的計算基礎。Gartner曾列舉美國平均的中斷成本，每分鐘5千6百美元，每小時超過30萬美元（Andrew，2014）。

然而，不同產業中斷成本的差異相當懸殊。Hennesy & Patterson（2011）曾調查2000年金融、電信或電子商務每小時的中斷成本：仲介營運美元645萬、信用卡授權美元260萬、eBay是22萬5千美元、Amazon是18萬美元、包裹運送服務15萬美元、購物頻道11萬3千美元、機票訂位中心8萬9千美元、電信服務啟動4萬1千美元、線上網路2萬5千美元、ATM服務1萬4千美元。倘若以每年中斷8.8小時（佔全年時間0.1%），ATM服務的中斷成本為10萬美元。以上的中斷成本還未包括員工每小時的成本。IDC（2014）針對Fortune 100（《財星》一百大）企業調查營業中斷成本。針對非預期的應用程式，每年中斷成本為10億2千5百萬到20億5千萬美元。針對IT基礎建設，每小時中斷成本為10萬美元。針對關鍵性應用程式，每小時中斷成本50萬到100萬美元。

實際案例

從風險管理的角度，我們會特別留意高衝擊但低機率的巨災。歷經2017年全省大停電之後，停電也被納入高衝擊的風險之一。

曾經擔任台大竹東分院副院長的王明鉅（2017）醫生鉅細靡遺回顧八年前那場跳電危機。在他上任三天內，竹東分院設備發生冰水管破裂。在無冷氣的情況之下，全院陷入高溫36度的危機。停電的時後，工務人員必須以最快的速度，以手動的方式切換至另一台發電機。他們被發電機綁住，一年365天、一天24小時必須隨時待命。當王醫生接任副院長一職後，以他的權責改善院內安衛與工務工作。第一步，全面清查醫院關鍵性設備，哪裡還有發電機，最快可以全力供電等問題。最後，竹東醫院更換三台併聯發電機，並將柴油安全供應量延長至三天。這些不為人知辛苦的投資某一天終於派上用場。醫院受電室像手臂一樣粗的保險絲燒斷，隨即在8秒鐘後啟動新的發電設備。全體同仁一陣歡呼。在此事發生之後，負責單位以嚴謹的態度，定期以紅外線攝影設備檢查藏在天花板的電線，不放過任何出錯的可能性。

從風險評估到執行，韌性組織會學習如何把有限的資源放在關鍵性營運。

3-5
災害衝擊遠大於你的預期

　　如前所述，社會大眾面對「新常態」現象須建立災害預警的新思維。然而，從過去許多重大的事件發現，爲何組織面對可預期的危機仍然「視而不見」？這就是麥斯・貝澤曼與麥可・華金斯（Bazerman & Watkins，2008）探討的主題。

預見危機的心理

　　他們整理大多數人面對可預期危機的心理因素包括以下六點：

- ・領導者事前就知道某個問題的存在，也知道這回不是船到橋頭就能自然直。
- ・組織成員發現某個問題日益嚴重。
- ・要解決發現的問題，現在得付出許多代價，但是採取行動的收穫卻不會馬上看到，而是延遲出現。

・要因應可預期的危機，通常得付出一筆代價，能夠得到的回饋，僅僅是避免付出另一筆並不確定、但可能更龐大的代價。

・人類天性比較喜歡維持現狀，使得決策者、企業組織、政府部門時常無法做好準備，以因應可預期的危機。

・有些利益團體基於一己之私，對變革無動於衷，或蓄意杯葛領導者的行動。

因此，組織慣性、付出代價，甚至利益團體都可能造成組織面對可預期危機但不採取行動。以下先討論前三者因素的前提：組織很難超越經驗法則預見危機的衝擊。

預見危機的衝擊

未經歷災害者很難「預見」巨災可能的衝擊。

台灣著名的R網路書店曾差一點被巨災擊垮。2001年，納莉颱風重創台灣出版產業。根據統計，納莉颱風淹沒五家誠品書店門市，兩家金石堂書店門市，兩家新學友書局門市與兩家何嘉仁書店門市。另外，聯經出版公司門市、皇冠汐止庫房、松江路「人文空間」等據點新書也在一夕之間變成廢紙，有些據點新書高達上萬本。位於內湖的

中盤商「紅螞蟻」，放在地下樓的書也全毀。尤其是 H 連鎖書局，在納莉颱風重創後仍苦撐經營，隔年全面結束營業。R 網路書店物流中心位於地下室。水災一來，千萬資產付諸東流。前總經理回憶，「由於地下室負責物流，有幾千萬的書，一部份由保險支付，但是桌椅什麼都沒有保險，只有保電子設備，現在不可能一一造冊、列清單。」倘若當時沒有集團資金的挹注，R 網路書店這個品牌可能就消失了。

除了台灣，泰國也是水患密集的區域。自 2005 年起，泰國每年都有淹水紀錄。沒有人會料想到 2011 年水災長達四個月，影響之深遠被稱之為「慢海嘯」。

到底巨災衝擊的規模有多大？以 911 事件為例，直接影響當地約一萬四千家企業。根據 Fitch First 資料庫，該事件造成紐約銀行約 9 億美元的損失，花旗銀行約 8 億 3 千萬美元的損失（Hiles，2011）。在根據 Alliance for Downtown New York 統計，在事件發生後兩年，當地將近減少八百家企業，十年後才有約一成六比例回籠（Brooks，2011）。

在 2011 年日本 G 公司駭客事件中，駭客竊取七千七百萬個人資料，賠償金額約 10 億到 20 億美元。另外，在 2013 年一家美國零售業 L 公司事件中，駭客竊取 4 千萬筆信用卡或金融卡交易資訊與 7 千萬筆個人資料。最後，L 公司和解金超過一億美元，包括：（1）以 1 千萬美元與客戶達成和解、（2）與 VISA 信用卡以 6 千 700 萬美元達成和

解、（3）與Mastercard信用卡以1千9百11萬美元達成和解、（4）和其餘銀行以2千25萬美元達成和解。

即便是標榜為「自動化工廠」，可能也無法幸免於難！2017年，駭客入侵美國H汽車變速器供應商工廠。該工廠有超過2,000位員工，每小時生產175個變速器。

駭客威脅不付贖金就讓工廠停工。意味著他們的客戶，在美國的九個H汽車工廠就因為即時管理系統（Just-in Time，JIT）的零庫存政策之下，即將在隔天停工。

在4小時停工期，該公司損失27萬美元，包括：收入、停工員工薪水、沒有零件運送到客戶等（DALESIO，2017）。事後，他們加碼投資備援系統與資安防護，總計投入超過百萬美元的資源。

災變演化的階段

從供應鏈的角度，薛飛分析巨災後可能造成的衝擊。在他的模型中，災變的演化涵蓋以下八個階段：（1）醞釀、（2）災**變發生**、（3）**第一時間的反應**、（4）**延後產生的衝擊**、（5）**衝擊力道完全展現**、（6）**準備復原**、（7）**復原**、（8）**長期衝擊**。

薛飛認為，很多人都低估衝擊的效應，僅把焦點放在（2）本身的

衝擊。就像供應鏈的遞延效應，巨災衝擊也有這樣的情況。尤其是在汽車供應鏈高度發展JIT政策，可能在數日內物料用罄，縮短（4）的時間差距。在薛飛的觀察中，停產或停工將造成（5）該供應鏈真正的衝擊。

此外，在巨災發生多年之後，才能瞭解（8）長期衝擊真正的影響。以1995年阪神大地震為例，本次災害重建的重視奠定日本21世紀的防災應變體系之基礎。到底阪神大地震有多麼嚴重？有人形容現場滿目瘡痍，慘烈程度宛如遭受戰爭蹂躪。當時的損失高達10兆日圓，相當於台灣年GDP產值三分之一。這個地震嚴重影響日本產業的供應鏈。以製鞋業為例，地震影響九成鞋子產量，約三千萬雙鞋。大部分國外買家轉往其他亞洲國家，從此不再回頭（薛飛，2009）。

以資安事件為例，L公司在2013年事件之後利潤將近減少一半（46%），約4億4千1百萬美元。他們沒想到的是，後續不僅造成加拿大133家分店業務終止，更導致總經理與資訊長先後請辭。2003年美加地區出現無預警大停電，五千萬人以上遭受停電之苦。30小時停電預估造成損失四到六十億美元。

在面對「新常態」時，我們通常仰賴過去的經驗判斷災害的衝擊。然而，MIT教授薛飛強調：「對比之下，發生機率低但衝擊力大的事件會產生嚴重的後果，但由於這類災變十分罕見，意味著大家的

經驗都很有限……。」爲了彌補經驗的不足，高風險、低機率的災害爲情境分析的重點項目。

3-6
面對書面計畫的陷阱

　　有一次我們客戶在APEC BCP工作營分享他們的小故事。早期外國客戶第一次要求他們BCP規劃時，他們業務單位準備兩頁的書面計畫。結果，國際客戶要求實際演練時，一時之間讓他們語塞。

　　當災害來臨時，緊急應變主管與第一線人員忙著緊急應變，無暇準備完整的計畫。根據實務者Burdick（2014）的經驗，計畫的優點在於「當我們缺乏特定的經驗時，計畫讓我們得以在一些領域中適當的執行」。

　　然而，規劃也伴隨著許多的問題（Dynes，1982）：

・規劃通常指特定的災害型態。

・規劃是過程，而非結果。

・規劃應為教育活動的一部分。

規劃通常指特定的災害型態

客戶通常要求本書作者盡可能全面性提供災害型態的情境，如：火災、水災、地震，甚至傳染性疾病等。Dynes 指出，「注意特定災害型態通常扭曲不同災害型態的相似結果……通常，單一思考下特定災害型態已阻斷涉及多重型態的實際情況。舉例來說，颶風通常帶來洪水與龍捲風。地震通常產生海嘯與火災。暴動通常導致火災等」。

針對上述可能的天然與人為災害，台灣過去發生龍捲風、暴動與恐怖攻擊的機會微乎其微。在前年（2016）產險公司統計年度理賠案件，地震、颱風與火災案件各佔兩成。從災後搶救的角度來看，火災情境比較複雜，為複合型災害之大成。火災可能會引起爆炸、化學品外洩。火災也會帶來水患，不管是地面上積存的消防水，甚至突如其來的大雨由火損的屋頂宣洩而下。從過去的經驗來看，倘若是颱風與地震造成建物或設備的毀損，建議以更換重置為優先。因此，我們通常建議客戶災後復原計畫的情境設定以火災為優先。

規劃是過程，而非結果

當美國社區領導者被問到是否準備好下一個災害，他們通常的回答

是已經「有一個計畫」（have a plan）。在面對卡崔娜颶風（Katrina Hurricane，2005），紐奧良早已經有一個完整的計畫，但市政府桌面演練專案正在執行中。

因此，Dynes指出，「一個在特定時間完成的書面計畫僅是整體規劃流程的一部分」。規劃，應作為一個「有機文件（Living Documents），而非「紙上談兵症候群」（Paper Plan Syndrome）或「好大喜功的文件」（Fantasy Document）。

規劃應為教育活動的一部分

我個人發現，國內機構實際的規劃通常為「一人規劃」（One-man Planning）。規劃所需的演練劇本也都由一人完成，危機管理小組成員按照事先撰寫的台詞照本宣科，便完成規劃的演練程序。這呼應Dynes認為規劃單位負責主管通常將規劃簡化為書面計畫，而非廣泛思考問題點與有效的回應。

規劃與危機管理實務息息相關，但兩者不同。通常規劃發生於災害之前，規劃與危機管理有各自的原則（Quarantelli，1988）。舉例來說，規劃通常沒有時間的壓力，規劃也未必可以轉化在危機管理上。因此，規劃無法解決所有災害管理上的問題（McEntire et al.，2014）。

如何針對韌性力規劃教育訓練？MIT學習型組織教授聖吉曾說過，「真正的學習會打開我們未知的恐懼與能力不足的困窘，以及需要彼此的弱點」。因此，一個良好的規劃不僅是完整的計畫，而是組織透過各種的學習養成韌性「能力」與「承載」。

3-7
虛驚為事故的前哨站

日常生活中不乏「虛驚」（Near Miss）事件。當你邊走路邊看手機「差一點」跌倒，這就是虛驚事件。從工安的角度，「虛驚」為「係指未對人員、設備或環境造成不良影響之偶發事件，也就是說原本可能造成有害結果，但卻未發生意外事故」（中央大學環工所，2010）。

不僅在工安領域，虛驚這種觀念也開始應用在資訊安全領域。

2014年，荷蘭KPMG邀請等25家保險或再保公司舉辦「風險長論壇：網路韌性—資安挑戰與保險的角色」（CRO Forum）。2016年，他們共同發表概念性文件《CRO Forum Concept Paper on a Proposed Categorisation Methodology for Cyber Risk》，強調他們的目標是：「推廣共通的基礎，以便得到資安事件如『導致損失與虛驚的事件，並提高資安暴露與韌性』之覺察認知與瞭解。」

預警的心理因素

到底預警是強化風險性決策，還是削弱決策？（Dillon, Tinsley & Cronin，2012）除了親身經驗之外，新聞事件或他人預警故事累積成我們知識領域一部分。預警式的事件並未實際發生在自己身上，「應發生而未發生」即為「虛驚」一場。

根據上述的研究者發現，人們傾向忽略無關痛癢的虛驚報導，深刻記住血淋淋的虛驚事件，進而採取減損（Mitigation）行為。2010年M石油業者曾犯下嚴重的錯誤，摘要平淡描述預警的訊息，結果並未發揮其效果。因此，預警訊息的敘述須力求真實，而非輕描淡寫。重點在於重大事故來臨之前，提醒相關單位並非空穴來風，以便事前做好準備。

此外，身旁的影響團體也會影響下一步的決策行為，這也是在組織決策過程中重要的一環。

虛驚管理是好投資

從預警的角度，勞工安全的「虛驚」與資訊安全的「漏洞」（Vulnerability）都是關鍵性的災前線索。

火星，對於太空探險愛好者是個幻想的星球。到底火星是否適合居住，一直是大家津津樂道的話題。2011年，美國太空總署（NASA）發射「好奇號」（Curiosity）探測器，隔年成功登陸火星，傳回許多令人驚豔的影像，得以一窺火星的樣貌。然而，成功是無數次失敗經驗累積而來的。1998年，NASA發射造價兩億美元「火星氣候軌道」（Mars Climate Orbiter）探測器卻以失敗收場。

　　中控室曾四度發現它偏離火星軌道。但他們僅針對現象加以調整，並沒調查真正的原因。事故調查報告揭露真正的原因在於程式設計師在編寫軟體時使用不同的衡量單元，如：英制與公制。許多細微數據的差異造成探測器無法進入火星軌道，終究因失去動力而消失在太空中。

　　哈佛教授認為，「他們也因而錯過了在災難來襲之前改善組織的機會。這種傾向本身是一種組織的失敗，因組織沒有從這些不必花太多代價的『便宜』資料中學習。揭發虛驚狀況，並矯正根本的成因，是組織最穩當的投資」（廷斯利、狄隆、麥德森，2015）。

安全II（Safty II）

　　我曾經被一位全球半導體績優客戶問及：他們每年虛驚事件數量

已降到個位數，請問還要改善什麼？

從虛驚、事件或事故的另一面，Hollnagel，Leonhardt，Licu & Shorrock（2013）等人反思過去對安全的假設爲：**諸事出錯**（Things Go Wrong）。但我們有沒有可能對安全的假設改爲「**諸事正確**」（Things Go Right）？Hollnagel 把前者稱爲「**安全Ⅰ**」思維，後者稱之爲「**安全Ⅱ**」思維。

過去的「安全Ⅰ」思維將「出錯」與「正確」分開。它們被設計成兩個不同的管理系統，如：通報機制、程序與表單等。從「安全Ⅱ」思維出發，從源頭的設計把事情做對。舉例來說，台灣交流電分爲兩種：110V與220V。常用的家電使用110V電壓，冷氣或電熱水器使用220V電壓，但很多進口家電是用220V的電壓。爲了讓使用者正確使用，220V插座與插頭設計爲T型，110V插座與插頭設計爲H型等。

「安全Ⅱ」目前已應用於飛安與醫療等多項領域。該領域專家學者強調「安全Ⅰ」與「安全Ⅱ」爲互補，但思維有其差異（Hollnagel et al.，2013）：

·**安全Ⅰ**：「**解構**」（Decomposable）與「**二元**」（Bimodal）爲基礎。

·**安全Ⅱ**：「**突現**」（Emergence）與「**變異**」（Variability）爲基礎。

「安全Ⅰ」的「解構」強調因果關係的論術，如：災因調查常用的

「骨牌理論」（Domino Model）（見下文，或可參考中央大學環工所，2010）。「安全II」的「突現」強調是**情境脈絡**，如：「意義建構」。「安全I」的「二元」強調「出錯」與「正確」涇渭分明，而「安全II」的「變異」強調「出錯」為統計學標準常態分配下正確行為的極少數，如：萬分之一失敗率。

　　新的安全思維有助於從財務角度重新理解安全的本質：到底安全是「成本」還是「機會」？ 過去的思維將安全視為成本。從「安全II」思維，安全為「正確」行為，也就是整體生產力的常態行為，而是一種投資的資產。這樣的觀念也同樣呼應哈佛教授廷斯利、狄隆、麥德森在NASA研究的結論。

3-8
「有計畫無演練」流於形式

　　大型災難，像是保持世界紀錄的拳擊手。不管是被迫（天然災害）或無心（人為災害），你別無選擇、站在拳擊場接受前所未有的挑戰。在拳擊場上，你只有一次機會：生存或倒地。為了活下去，比賽前請教專家、分析對手招數，日以繼夜的練習。場外經年累月的磨練就是為了上場數秒鐘的生存決策。

　　就像是面對卡崔娜颶風（Katrina Hurricane，2005）。儘管美國紐奧良市政府早已經有一個完整的計畫，但並未執行。為什麼呢？就是缺乏演練。

眞實故事

　　我們把災害場景拉到社區。2004 年 6 月，美國 Dona Ana 縣社區經歷緊急應變的失效。

暴雨造成猛烈的洪水，該社區與緊急應變組織面對前所未有的危機。緊急應變人員並未立即通知管理階層，應變中心並未在第一時間成立。即便後來應變中心成立，該中心人員並未清楚他們的角色或瞭解緊急營運計畫的內容。這樣的誤解影響面對災害所需的資源。這次災難歷經十一天，嚴重中斷許多家庭的生計。

問題的根源在於Dona Ana縣缺乏正式的教育訓練，作為情境演練之依據。

訓練型態

預先作好災前準備是非常艱鉅的任務。緊急應變人員必須接受良好的訓練，以及被充分告知書面上的行動計畫，以便有效地減少事故帶來的損失。

教育訓練分為兩類：討論性與操作性。常見的研討會（Seminar）、工作營（Workshop）、沙盤推演（Tabletop）與遊戲（Game）屬於討論性質；實地演練（Drills）、功能演練（Functional Exercise）與全面演練（Full-scale Exercise）屬於操作性質。

沙盤推演常被緊急應變訓練採用。它的目標在於提供參與者規劃與準備的整體觀，並關注事故發生後幾個小時內溝通與管理的問題。

英國內閣辦公室安全與情報處（Cabinet Office National Security and Intelligence，2013）強調演練的重要性。對於教育訓練者來說，這段話深刻反應危機管理演練的精髓，本書作者將之分段強調：

- 由於錯誤的自信可能會隱藏在計畫細節中，除非計畫進行演練，並證實可行，才會被視為有效。
- 通常，演練參加者應瞭解他們的角色。在他們意識到演練的壓力之前，讓他們覺得合理自在。
- 演練不是要判人出局。演練要測試程序，不是人。
- 如果員工缺乏準備，他們或許會責怪計畫，但他們或許應該責怪的事缺乏準備與訓練。
- 演練最重要的目標在於讓他們自在扮演角色，並鼓舞人心士氣。

以上這些作為似乎和我們文化慣性背道而馳。有句順口溜說的妙：多做（說）多錯、少做（說）少錯、不做（說）不錯。就算好不容易做了，如果是為了表面形式而做，就像是《灰犀牛》一書作者的觀察：**「如果沒能從慘痛的災難經驗得到教訓，之後行事就有可能只是為了做而做，缺乏遠見或協調不足。」**

3-9

資安風險分析初探：
外在威脅與漏洞修補

「趨勢科技」這家國際著名資安公司曾在2011、2013、2015年於部落格分享，當今企業仍然持續遭受不同程度的資安威脅，包括「**先進持續威脅**」（Advance Persistent Threat，APT）、「**商務／企業電子郵件詐騙**」（Business Email Compromise，BEC）以及「**加密勒索病毒**」（Ransomware）。APT威脅以客製化的多重駭客入侵手法，潛伏組織數天／週／月，甚至更長的時間。至於駭客如何透過混搭的入侵手法，就是下節資安調查的文章要討論的事。

駭客攻擊案例

2016 年，有家跨國玩具商全球總經理剛上任不久，財務主管收到總經理的電子郵件，需轉帳數百萬美金到東南亞上游製造商。根據公

司規定，大筆資金轉帳需要兩位高階主管同意。但財務主管沒有再確認，便以最速件處理。當她通知總經理完成轉帳後，總經理居然否認有此事。財務主管才發現她遇到BEC資安詐騙。經與銀行確認，數百萬美元已轉到當地國家帳戶。

除了WannaCry，再舉一個Ransomware例子。2013年，加密勒索病毒「CrytoLocker」首度公諸於世。在發展西班牙、德文、日文、中文、韓文、泰文等多國語言後，2015年起開始席捲亞洲。這個當時被喻為史上最狠毒勒索軟體，一旦不小心點開有含有「CrytoLocker」病毒檔案，它會將電腦內檔案自動加密，以便向被害人要求解密的贖金。該病毒可追溯到20006年銀行病毒「ZeuS」，即便當今開枝散葉、出現許多「CrytoLocker」變種病毒（如：「Cryt0L0cker」）（Fox-IT，2015）。

全球惡意程式增加數量恐怕超乎你的想像。根據2013年國網中心的分析，台灣平均每天遭受340萬次惡意程式的攻擊。在分析這些惡意程式的主要來源國，來自中國惡意程式約19萬筆，日本約20萬筆，巴西約22萬筆，羅馬尼亞約32萬筆，美國約34萬，俄羅斯約72萬筆，他們都有可能是成為惡意程式的跳板。截至2024年統計，國網中心惡意程式知識庫（https://owl.nchc.org.tw/）資料庫已累計超過3千萬隻惡意程式。

漏洞修補爲常態

資安事件與資安漏洞之間存在微妙的關係。資訊安全系統與硬體（Hardware）、軟體（Software）或人員（Peopleware）有關。儘管系統上的漏洞不必然會發生資安事件。但是，不執行軟體修復必將增加資安事件的風險。

一般人可能會好奇地問：軟體哪來這麼多的資安漏洞？在我們每天接觸的電腦環境中，軟體的複雜度可能超乎一般人的想像。舉例來說，微軟Office 2013版共有4,500萬程式碼，只比歐洲核子研究委員會（CERN）大強子對撞機（Large Hadron Collider）5,000萬程式碼少一點（Goodman，2016）。根據卡內基美隆大學的研究（Wired，2004），每一千行程式可能會有20至30個漏洞。一般的商業軟體都有上百萬行程式碼，可能隱藏著上萬個漏洞。前趨勢科技副總經理、現任Amazon安全部門負責人（Security Principal）的納尼基文（Mark Nunnikhoven）在〈沒有應用程式無漏洞〉（2015）中清楚地反映出防毒業者對於應用軟體漏洞的憂心。

軟體業者每年會公布成千上萬個軟體的漏洞，提醒客戶隨時執行軟體修復的更新。倘若未在第一時間更新系統修補程式，駭客容易掌握已知的漏洞對IT系統進行攻擊。根據iThome（2016）報導，半年

前的Office漏洞仍可能遭受駭客的攻擊。2015年9月Office漏洞「CVE-2015-2545」便吸引6個以上APT的病毒攻擊。「CVE-2015-2545」為Office遠端執行程式的漏洞。駭客可透過電子郵件傳遞含有病毒的圖檔。一旦Office使用者在不知情開啟這個圖檔，就會讓駭客以遠端執行任意程式或取得系統的控制權。近期的新聞指出這樣的漏洞與攻擊手法並未減緩。

除了商用軟體產品，安裝韌體的IoT設備也不遑多讓。早期的IP網路攝影機並沒有注意安全，先搶市場再說。新聞報導說，全球至少有十八萬五千個IP網路攝影機暴露在病毒的風險，帶來無法預期的「蝴蝶效應」（Chirgwin，2017），甚至成為分散式阻斷服務（Distributed Denial of Service，DDoS）攻擊最佳的幫兇。

3-10
老舊系統不是IT問題，
而是資安折舊問題

　　2022年1月，SEMI（國際半導體產業協會）正式發佈半導體晶片設備資安標準（SEMI E187）。在全球SEMI會員努力下，歷經三年、三輪投票中上百個問題答辯終於定案。到底，SEMI E187欲解決何種資安痛點？

供應鍊問題

　　老舊系統為半導體業者共同的痛點。即使硬體沒有問題，但因為軟體年限到期，無法支援最新修補程式，就會出現軟體業界常見的**產品生命週期結束**（End of Life，簡稱 EoL）或**服務支援終止**（End of Service，簡稱EoS）。偏偏，在以往軟體產品買斷的銷售模式，隨機安裝的軟體到了EoL仍然可以正常操作，主管認為設備功能上沒有問

題，不需要換新。

問題是，半導體設備硬體的生命週期長達三十年之久，設備機台的資安折舊（Cybersecurity Depreciation）問題不容忽視。自2001年上市，Windows XP於2014年終止修補程式（Patch）更新的服務，但仍然搭配半導體新機台出貨。其他的作業系統EoL更短，平均四至六年之間便停止更新服務。因此，半導體設備硬體尚未折舊，甚至有很高的殘值，就事先面臨作業系統的折舊問題。

跨部門議題

設備資安問題不是單一企業可以解決的問題，需要跨部門跨企業行動。除了作業系統，還有在半導體設備供應鏈的應用程式業者。SEMI E187涵蓋機台的端點防護、作業系統、網路安全，以及資安紀錄檔與監控，這些都是過去半導體機台的系統與應用程式長期忽略的資安議題。為了促使新機台強化資安，SEMI E187 從半導體資安採購規範著手，期盼帶動設備商在新機台研發時就納入資安議題（Security by Design）。

SEMI E187推動不會只有採購部門的責任。企業內部導入過程就像是這個標準制定的縮影。三年三個草案版本，全球會員回饋意見達

上百條問題。企業導入需要整合不同部門的意見，從設備管理者、IT或資安、採購、產線資安等。**設備管理者認為設備資安不是他的職掌或績效指標KPI，但IT或資安認為生產設備資安不是由他們負責，採購希望IT或資安提出設備資安規格。這個關鍵性資安議題容易成為公司內部三不管地帶。** 從設備資安採購角度，E187為半導體設備供應鏈管理訂下全球性合規的基礎。

無毒證明為第一步

針對仍在使用年限的機台，內含的老舊系統該如何處理？這些缺乏資安防護力的設備，僅允許機台與機台連線的白名單（Whitelist）或許是個權宜之計。簡單來說，白名單就像是通行證，只允許機台連線事先核可的網路，駭客無法因此直接連線到外部網路。倘若將白名單安裝在這些機台，軟體更新可能會把這些設定回到原廠設定值，而清除白名單設定值。如果為這些機台安裝防火牆，就可以在防火牆設定白名單，以達設備存取控制之效。等到採用SEMI E187新機台逐年上線，有助於已達折舊年限的防火牆逐步淘汰。

目前國際半導體設備業者正在討論如何導入。某些業者一開始就參與標準的討論，在三年間將會議問題帶回企業內部討論。由於設備

資安在設備業者也是跨部門問題，他們不同部門的出席代表有助於在會議中搜集客戶意見。自2018年以後，他們客戶已經逐步要求設備出廠要提供無（病）毒證明。就算是E187簡化爲設備無毒證明，至少設備業者與他們的客戶達成共識的第一步。

* 原文刊載於2022/2/11《彭博商業周刊》中文版網站，並適度編輯更新。

3-11
當勒索軟體成為犯罪集團取款機

　　曾有一家蘋果客戶電腦硬體製造商傳出了遭勒索軟體攻擊的消息。這個駭客組織「REvil」要求支付500萬美元，否則公開其國外客戶產品設計圖。4月21日，該製造商證實此事，他們的資安團隊已與多家外部資安公司的技術專家合作，共同處理此次網路攻擊事件，並將監測到的異常網路狀況，通報給政府相關單位，公司日常營運未受影響。

　　從去年疫情爆發至今，網路勒索成為駭客攻擊的新常態。多數的攻擊來自於三年內發現新病毒或組織。到底反映出什麼樣的趨勢？如果不支付贖金，受害者還有什麼解套的辦法？

付不付錢都是兩難

　　根據這兩年的觀察，勒索集團的攻擊變本加厲、贖金也節節

攀升。就在2020年四個月內，歐洲能源U集團分別遭受Snake、Netwalker不同勒索集團的攻擊。勒索贖金計算方式不一。從每台電腦3千美金，或是總數到五千萬美金都有。REvil集團透露，他們一年分得贖金超過上億美元。

支付勒索贖金是否會鼓勵網路犯罪？這不僅是道德問題，已經成為美國法規面對的問題。2020年10月，美國海外資產控制辦公室（OFAC）諮文警告支付贖金隱藏制裁風險：受害者先向主管機關通報，不要直接向駭客支付贖金。

如果不支付贖金，受害者還有什麼解套的辦法？以下先從犯罪趨勢、常見的攻擊手法，以便針對企業的資安弱點發展因應之道。

目標式勒索為趨勢

2017年，勒索軟體WannaCry造成全球電腦災情慘重，就連印表機、取款機或加油卡終端機等也不放過。這些非直接勒索的設備，也成為被加密的對象。早期的勒索軟體在企業內網亂竄，連到哪裡就加密到哪裡。

有別於過去亂槍打鳥，新型態的勒索集團採用目標式勒索戰略。根據2020年IBM統計，繼金融業之後，製造業成為第二大最容易受到

勒索集團攻擊的產業。在製造業的資料分析，勒索軟體成爲攻擊態樣的第一名。

在IBM勒索軟體排行榜中，REvil名列前茅，占樣本數三成。全球超過140個受害者，以美國居多、占六成左右。

難纏的勒索手法

全球疫情期間，犯罪集團採用新的網路勒索商業模式。透過「勒索軟體即服務」（Ransomware-as-a-Service，RaaS），駭客不需要自行開發勒索軟體，透過交易或分潤便可獲得專業的工具。REvil 也採取RaaS模式，和其他駭客集團合作。

駭客入侵手法千百種。REvil從社交工程、網路弱點著手，也會針對Windows遠端桌面協議（RDP）採取暴力破解方式。根據微軟分析4.5萬台遭暴力破解的電腦資料，駭客以弱密碼或懶人密碼嘗試登入，1天平均60次的攻擊次數，攻擊時間平均爲2-3天。

一旦感染受害者的電腦，REvil在潛入時不會在磁片上產生檔案，也就是「無檔案式勒索軟體」（Fileless Ransomware）。REvil潛入方式爲誘使使用者打開受感染的巨集文件檔案，下載可疑的腳本（Scripts），這樣可以輕易避開傳統防毒軟體的病毒碼比對功能，以及

白名單功能。

入侵成功後，REvil會 進入微軟本地安全機構（LSA）竊取權限的憑證。接著以合法的滲透工具，橫向移動到其他的目標。最後，透過合法的帳號註冊，持續潛伏在受害者電腦伺機而動。

除了在電腦進行加密，REvil同時在受害者竊取敏感或機密資訊。如果受害者不願意支付贖金，他們再威脅公開這些資訊以達到雙重勒索的目的。

資料回復重要性

我們要如何事前因應網路勒索的攻擊呢？REvil集團採取社交工程、網路弱點，以及暴力破解攻擊手法，權限管理、系統更新與密碼管理都是資安防護的基本功。進階版的無檔案式病毒繞過傳統防毒軟體的掃瞄，企業需導入有效的智慧監控工具，如端點偵測及回應（EDR／XDR）軟體。透過這些主動式自動分析工具，發掘駭客入侵的異常行為。

沒有人可以保證百分之一百資安防禦。面對網路勒索的新常態，迅速恢復營運成為企業生存的關鍵。復原方案成為恢復營運唯一的路。然而，備份回復並無法保證百分之百成功。在BCP計劃下進行測

試驗證，以確保資料回復的完整性。透過BCP演練，主管有助於掌握復原方案的有效性。

* 原文刊載於2021/4/23《彭博商業周刊》中文版網站，並適度編輯更新。

3-12
從「預防無效」到韌性思維

　　2013年，多家國際資安公司將勒索軟體與「國與國」網路戰爭列為當年重大資安威脅，這些都不是簡單防火牆與防毒軟體可以阻擋。

　　然而，主管既定印象與真實的防護有相當大的落差。2017 年勒索軟體Wannacry橫行之前，一般人對資訊與資安設備的印象是牢不可破。就算是現在，有些老闆還是相信100％資訊安全的存在，以此質疑公司資安投入的成效。

　　Gartner（2014）專家大膽的提出資安「預防無效論」（Prevention Is Futile）。 他們的主張：完全防止資安事件發生是不可能（Impossible），這些措施是無效（Futile）或失效（Fail）。四年後，Gartner專家進一步闡述：「預防是無效，除非與偵測、應變能力結合在一起」（Prevention is futile unless it is tied into a detection and response capability）。MIT史隆管理學院教授麥尼克（Stuart E. Madnick，2019）觀察到當時的企業資安

措施後指出：「**大多數組織在預防措施很差，偵測更糟，大概是復原最糟**」（Most organizations are poor at prevention, pretty bad at detection — and probably terrible at recovery）。

因應全新的挑戰

2014年，美國國家標準局（NIST）推出1.0版「網路安全框架」（Cybersecurity Framework，CSF），十年後更新為2.0版本。每個版本都有其改版背景與情境，並不是新版否定舊版的概念。有些版本在解說上仍適合作為觀念釐清與推廣。

CSF第1版由五大功能組成，含識別（Identify，ID）、保護（Protect，PR）、偵測（Detect，DE）、應變（Respond，RS）到復原（Recover，RC），2.0版則增加了治理（Govern，GV）。根據CSF 2.0版，六大功能的定義如下：

- **治理**：建立、溝通與督導組織資安風險管理策略、期望與政策。在任務與利害關係人的情境下，治理功能以結果佈達組織可達成項目，並安排其他五項功能之優先順序。
- **識別**：了解組織當今資安風險。了解組織資產（如資料、硬體、軟體、系統、設施、服務、人員），供應商與相關風險，

以便推動組織依風險管理政策安排優先順序，並在治理功能下
確認任務所需。

- **保護**：保障其組織資安風險之管理。保護功能支援確保上述資
  產安全之能力，以防止或降低不利資安事件之機率與衝擊。
- **偵測**：發掘、分析可能資安攻擊與入侵。此功能支援成功的應
  變回應與復原活動。
- **回應**：針對已偵測資安事件採取行動。回應功能支援控制資安
  事件效應之能力。
- **復原**：回復遭受資安事件影響之資產與營運。復原功能支援正
  常營運的即時回復，以便降低資安事件效應，並確保復原時適
  當的溝通

除了六大功能之外，還有對應功能的子類別（Subcategory）。子
類別就像是國際資安標準ISO 27001 控制項，但CSF的子類別描述
偏重管理語言。以「識別」功能「資產管理」（Asset Management，
AM）子類別為例，ID.AM-1項目為盤點組織內的硬體設備與系統
（Inventories of hardware managed by the organization are maintained）。

知悉國際資安標準「ISO 27001」的人可能會問，為何我們需要另
一個資安標準？

如前所述，ISO 27001背後的邏輯依據品質先生戴明所發展的PDCA循環，即為計畫（Plan）、執行（Do）、查核（Check）、行動（Act）。CSF背後的邏輯為ISO 31000（也可見ISO 27005）。對照ISO 31000風險管理的四大策略，**規避、移轉、減損與接受**。這四大策略決定資安風險處置的方式，其判斷原則在於組織關鍵性服務之衝擊高低。組織根據上述四大策略，採取各種子類別作為控制措施。

此外，組織導入106個子類別就好了，為什麼CSF還需要這六大功能？

當企業在管理資安風險時，能夠對應到事前、事中與事後的環節。舉例來說，資安事件前的「識別」與「保護」、資安事件中的「偵測」、資安事件後的「回應」與「復原」。「治理」扣緊前五大功能，以建構網路風險安全管理之生命週期。這六大核心功能展現資安風險管理生命週期，CSF可說是建構數位韌性之基礎。從2.0版角度，CSF建議評估組織資安風險實務：資安風險管理（保護、偵測、應變、復原功能）與資安治理（治理功能）。組織治理討論也要涵蓋資安供應鍊風險等風險管理策略。高階主管除了治理角色，也要負責將資安風險管理結合企業風險管理與執行層面的風險管理專案。

推廣至今，CSF已成為國際性產業標準ISO/IEC 27103（2018）與ISO 27110（2021），以及更新於ISO 27002（2022）。不論是半導

體 Intel、軟體業 Microsoft 或飛機製造業 Boeing，甚至金融業 Visa 等公司，相繼導入並將之應用在國際供應鏈資安管理。CSF 也適用於中小企業規模，可參閱 NIST 在 CSF 適用於中小企業的說明。

超越預防圍堵的框架

「預防無效論」不僅用在資安，也應用在傳染病、自殺、詐欺等棘手的犯罪領域。尤其在美國，防止犯罪的槍枝管制也是如此。研究者疾呼配套措施的重要性，包含照顧到受害者等利害關係人的需求。這也可以從 CSF 2.0 版增加治理功能，強調利害關係人的重要性。

「預防無效論」**並非主張零預防圍堵**。如果資安事件只是遲早的問題，優先順序與資源分配便是關鍵性的決策性問題：從資安風險管理生命週期，涵蓋規避、移轉、減損與接受等風險策略與其處置措施，這就是資安韌性。

Part 4
災後復原的
現場與實務

2001 年「911」恐怖攻擊事件的現場。當被挾持的飛機衝撞了世界貿易大樓之後,「南塔」也隨即倒塌,揚起的粉塵不僅危害人體健康,也直接影響日常營運的電腦與電子設備。如果不清除這些設備內的粉塵,一旦貿然開機,可能會引發機器設備的短路。

4-1
當意外災害降臨，什麼東西最貴？

二戰時英國首相邱吉爾的一句名言成為「新冠」疫情期間經常被引述的一句話：**不要浪費一個好危機**。我們看到一段時間內國外最常討論的議題是，組織如何透過數位韌性推動數位轉型；而透過新冠疫情，領導者也能重新審視風險管理的價值。

在新冠疫情初期，口罩成為全球有錢買不到的搶手貨。在日本亞馬遜購物網站，一盒25入N95口罩曾經飆升至100萬日幣。德國、俄羅斯也曾派遣軍機，以防止口罩在國外轉運點被攔截。

從聖母峰學應變

除了新冠疫情，「聖母峰」也是應變力的經典範例。聖母峰詭譎的天氣，是登頂冒險家心中永遠的痛。在過去的死亡案例中，四分之一都是因為惡劣氣候造成的。

為了以科學數據解決這個難題，2019年科學家前往聖母峰設置五個氣象站。除了零下29度的惡劣氣候，他們身上背負的氧氣桶僅能工作三到四小時。最後一刻，他們碰到料想不到的事：等待登頂的人潮大排長龍。如果為了登頂設置氣象站，科學家將面對下山氧氣不足的風險。於是決定放棄登頂，以平安完成任務為原則。

從聖母峰的故事中，有助於我們探討：到底如何在「**緊急**」（人命）和「**重要**」（攻頂）間抉擇？過去經理人熟知的「艾森豪矩陣」（Eisenhower Matrix），成為安排優先順序、輕重緩急的分析工具。面對新冠疫情衝擊，原本預計在2020年主辦「東京奧運」的籌備團隊也面臨管理的困境：他們沒有SOP、沒有備案，也沒有資源。當意外災害降臨，面對有限的資源與時間，棘手的問題往往又重要、又緊急。就像口罩一樣，該怎麼辦呢？

培養當責者文化

2020年3月，Gartner針對1,500位受訪者進行營運持續（Business Continuity）調查，僅有12％受訪者可充分準備因應新冠疫情的衝擊。這樣的結果顯示企業缺乏自信，起因自過時的風險管理方法或無效的措施。

某個IT業老闆曾說，我們針對新冠疫情有個應變計畫。言下之意，有個計畫已經足夠。其實這是主管的「錯覺」，重點不在於有個計畫，在於團隊是否有因應災害的自信。Gartner建議，**企業風險管理（Enterprise Risk Management，ERM）**功能有助於觀察到潛在風險、並快速與有效的減緩其衝擊。將ERM應用在資訊安全領域，成為當今數位韌性的顯學。

我們觀察到，缺乏ERM實務的組織，在面對風險就容易形成只會等待的文化：多做（說）多錯、少做（說）少錯、不做（說）不錯；反之，擁有ERM實務的組織，從上述的受害者（Victim），成為**發掘改善的當責者**（Accountable）。從受害者到當責者文化，組織的風險管理養成並沒有捷徑。

倘若組織沒有當責文化，在意外災害降臨時，領導者如何帶領團隊從書面的應變計畫扭轉危機？

事後彌補最貴

根據過去資安理賠的經驗，事後彌補費用大約為事前預應方案的四到五倍。

舉例來說，2013年一家美國零售業L公司發生嚴重的資安事件，

至少4千萬筆信用卡與個資遭外洩。該企業曾經評估過億元的設備更新，含磁條信用卡、兩千家分店POS收銀機與讀卡機。在事故發生之後，該企業除了支付上億元之外，還要負擔事後處理的鉅款，含2億9,200萬美元處理費用與1億5,390萬美元和解金，以及約4億4,100萬美元的短少利潤。該企業投保1億元資安保險，獲得大約9千萬美元的費用補償。

從台灣防疫經驗中，風險減損與移轉都可以超前部署，這也從數位韌性國際實務獲得證實。透過企業風險管理之部署建立團隊當責文化，才能有效邁向兼備數位韌性之數位轉型2.0。

* 原文刊載於2020/08/06《工商時報》名家評論網站，並適度編輯更新。

4-2
災後復原為移動中的目標

　　許多消防演習重視滅火與救人，但該如何協助關鍵性的設備資產進行減損搶救？災後復原即是彌補緊急應變到設備修復之間的空窗期。

　　學校是否需要災後復原？由於其教育產業的特殊性，加州大學爾灣分校（University of California, Irvine）BCP FAQS 說帖強調迅速復原的重要性：「不管是教學或研究，任何一種長久性的中斷將產生雙重的威脅！首先，中斷將造成顯而易見的傷害。其次，長久性的威脅，例如：將我們師生移轉至其他學校，將導致學校教學或研究品質的降低。因此，從巨災中迅速回復事關重要！」

　　一旦災害造成組織營運中斷，不管是功能或流程的恢復都是千頭萬緒。以「關鍵性營運」，加州大學爾灣分校特別提到「關鍵性營運」與「流程」的差別：「流程為完成功能的步驟。舉例來說，功能為『提供學校宿舍同學餐點』，透過一連串的流程『食物採購、儲存、烹調、

服務與清潔』。在BCP計畫階段，我們專注在主要功能，因為流程太過瑣碎。」

此外，對於災後復原需要建立基本的正確觀念。除了前面提到災害管理，美國科羅拉多大學（2001）出版《全方位災後復原》（*Holistic Disaster Recovery*）臚列了其他的難題與挑戰：

- **災後復原並不容易**：災後復原的挑戰在於：與時間賽跑、人員支援不足、經費不足、決策者也是受害者，以及利害關係人影響下複雜多變的因素。

- **災後復原可能長達數年**：從社區重建的角度，前數周災後復原的重點在緊急行動，前數個月的重點在於社區服務重建。之後到數年的時間，災後復原的重點在於修復與重建，以及處理財務、政治與環境的議題。

- **災後復原專案與持續像是「移動中的目標」**：災後復原支援政策經常被修改。利害團體經常提供額外的協助。不同單位的專案經常不協調。

- **災後復原有許多可能的結果**：不同行政單位提供不同復原方案的界線。復原成果的決定因素在於領導者。從社區的角度來看，災害提供在過程中改善的催化劑。

- **災後復原專業資源**：如專家、專業組織與政府的資源整合。

‧**歷經災害並無法免疫**：如果發生過一次，有可能再發生。

　　這些重要原則都在本書其他章節討論過。根據過去的經驗，災害管理是動態而複雜的任務。儘管我們和理賠作業輔助人（如：保險公證人）長期建立合作默契，但是每個專案都不一樣，很難複製成功的專案經驗。唯一的法則就是兢兢業業，掌握每個專案中關鍵性的細節，包括：客戶的期望與行動。

　　此外，我們一再提起災後復原所需的專家資源。根據智利礦場事故的經驗，哈佛商學院教授細膩的觀察：「在不確定的時期，領導人必須招募一群背景多元的技術高手，但也得要求他們放下先入為主的想法，以及預先構想的方案。這些專家必須明白，無論他們有多豐富的經驗，都不曾面對眼前的挑戰……面對混亂的環境，領導人必須願意替團隊劃定界線，主動送走對團隊不再有用的人。」

　　災害管理並非直線進行，中間仍會遇到曲折路徑。舉例來說，復原專案充滿許多不確定的變數，包括：BCP營運中斷替代方案與DRP復原可行性，像是「移動中的目標」。面對異常管理，組織應即早透過營運持續計劃盤點已知的限制、資源與方案。

4-3
個人自救用品

我們時常聽到災損客戶告誡員工，火災後多喝牛奶！多喝牛奶對身體的排毒是否有幫助？我們通常告訴客戶，多喝水卽可。以下是我個人的經驗。

喝牛奶有效嗎？

火災現場充滿各種有毒危害物質，包括：鹽酸（Hydrogen Choloride）、溴化氫（Hydrogen Bromide）、多鹵二聯苯及呋喃（Polyhalogenated Dibenzodioxines & Furanes）、多氯聯苯（Plychlorinated Biphenyls 或稱戴奧辛）、多環芳香烴碳氫化合物（Polycyclic Aromatic Hydrocarbons，PAHs）。其中，戴奧辛與多環芳香烴碳氫化合物都是致癌物質。

很多人認爲牛奶可解毒。中區緊急醫療災難應變指揮中心經理、台中榮總急診主治醫師張群岳強調，針對與化學刺激性氣體，如上述

火災產生的毒物，與牛奶解毒無關。義守大學義大醫院中藥科吳宗修先生解釋，牛奶主要是在減緩胃吸收毒物的效應，並非阻止其吸收（見KingNet國家網路醫院編輯部）。江守山醫師強調，除非「吐奶」否則胃內的毒物總量還是不變；而且中毒意識不清的人，硬是灌入流質，可能嗆到，引發吸入性肺炎。」大部分醫生並不建議催吐，因為催吐誤食的毒物可能會造成身體二次傷害。

江守山醫師提到，毒物可能經由呼吸道、皮膚吸收，可食用活性碳膠囊。但，活性碳真的有效嗎？由美國衛生及公共服務部（HHS）、公共衛生局（Public Health Service，PHS）與美國毒物與疾病登錄署（ATSDR）三個機構共同製作的 文件Medical Management Guidelines for Acute Chemical Exposures（1992）提到，「活性碳會吸收大部分的化學品，而且比較容易管理。除非是腐蝕性的化學品已被誤食，意識清醒的病患才需要50至60公克的活性碳。」如果把「假酒」比擬做化學品，我國內政部警政署刑事警察局就建議，誤飲假酒的緊急處理方法為市售活性碳膠囊。

此外，半導體設備常用的劇毒化學品如：氫氟酸，也可能伴隨著意外事故而導致外洩。倘若身體接觸到較高濃度（超過50％以上）氫氟酸，在六至二十四小時之後其皮膚組織則會壞死及潰爛。手套以氟化聚乙烯（PVDF）、天然橡膠尤佳。處理方式則在大量清水沖洗之

後，以氟離子結合劑、葡萄糖酸鈣或氧化鎂鈣軟膏塗抹（台中榮民總醫院，2005）。

個人自救用品

除了上述的活性碳膠囊外，我的急救小包會準備：生理食鹽水、益生菌、諾麗果精油等。第一時間進入火場，污染微粒會刺激眼睛，造成眼睛痠痛，此時我會趕緊以生理食鹽水沖洗眼睛。在災後復原專案進行時，數月外宿或壓力過大可能造成腸胃不適，此時益生菌就派上用場。

在歐洲，精油成為家庭的萬用藥。台灣在地生產的諾麗果精油變成我的萬用藥。有次在上海工作，突如其來的嚴重空污造成我的腳底出現破洞。我查一下足部反射區，正是呼吸道器官的區域。以精油塗抹，甚至滴在飲水中，暫時解決身體的不適。

其他必備用品

一旦出入嚴重的災害現場，個人防護配備（PPE）是必需品。舉例來說，鋼頭鞋可以保護雙腳，在行走時避免受傷。帽子或眼罩可以

預防火災現場滴下的液體刺激眼睛。爲了災後搶救減損任務順利進行，執行任務的人員仍需配備輔助工具。高功率變焦手電筒可以調整遠近的距離，方便欠缺正常照明的現場作業。由於現場人員需空出雙手執行任務，可以用頭燈代替手電筒。

4-4
眼見為憑……
但只是冰山一角

　　儘管國內客戶災害屬於特定類型，但是每個災害現場都不一樣。毫無頭緒的客戶在電話那一頭說不清楚現場狀況，必須透過實地勘查與檢驗才能逐漸瞭解災害現場的全貌。

　　復原專家每天不斷面對各種災害事故的情境。如前所述，一家B業者現場存放上萬公升的硫酸與鹽酸等化學品。隨著全力滅火的消防水柱，這些化學品像小瀑布流竄在各樓層。我們用PH試紙量地板上的液體，發現酸鹼值為0！「這就是結合硫酸、硝酸與鹽酸的王水！」但是，我們在事故現場明明聞到氨氣。我們的研判：地上的酸液不斷產生酸性氣體，加上遇水產生鹼性的氨氣，這樣的酸鹼混雜環境加速機器設備的銹蝕惡化。

火災事故檢驗

在火災事故現場，我們最常被問到的問題：「火場溫度很高，所以這些機器設備全損。」然而，專業檢驗的判定須依據以下原則：機器設備是否因爲受熱產生變形、變色或變質。

通常，機器設備上的塑膠熔點較低，成爲我們現場檢驗的參考依據。根據不同的材質特性，塑膠的耐熱溫度從攝氏60度到140度不等。倘若某台機器設備的塑膠材質並沒有受熱熔化，可初步斷定這台機器設備並沒有直接火損，可被復原的機會很高。

許多災後設備外表看似乾淨，其實「內部比外面髒」。卽便是災後斷電的情況下，大多數設備的不斷電系統（UPS）仍短時間啓動風扇，將外部的煙灰「吸入」設備內部。因此，有經驗的檢驗人員先觀察風扇的髒污程度，也會打開設備的機殼檢查設備的內部進行確認。

化學品洩漏檢驗

無塵室的化學品洩漏事件檢驗則是截然不同的挑戰。由於高科技業使用特殊的有毒氣體。一旦無塵事發生氯氣外洩事件，「凡走過必留下痕跡」，機器設備中的特氣管線變成是檢驗的重點項目。

為了確認氯氣污染的範圍，通常依據「同心圓」的經驗法則。從污染或生鏽最嚴重的地方作為為檢驗起點（圓心），逐步往外檢驗到無污染的區域，即可確認嚴重污染、中度污染與輕度污染的污染範圍。為了避免遺珠之憾，檢驗人員也會依據「立體檢驗」的經驗法則，到無塵室上方（如濾網HEPA）或下方的高架地板或廠務去確認範圍。

　　不管是火災或化學品洩漏，氯離子或氯氣都會造成金屬管線生鏽，甚至造成蝕孔（Pitting）現象。這樣的現象好比蛀牙一樣。表面上看不到任何異狀，也完全沒任何感覺，但牙齒內部可能已經被掏空。因此，倘若被污染的金屬表面已開始生鏽，最好檢查該管線是否蝕孔。萬一特氣從管線的蝕孔洩漏出來，恐怕會造成工安意外，不可不慎。

　　對於復原專家，照片無法取代現場查勘。依據多年的經驗與工具，他們透過現場查勘才能進一步提出搶救的建議。

4-5
災害管理是異常管理

　　災害管理是異常管理。我們先回到2011年日本福島核電廠海嘯的場景，如果你是核電廠負責人該怎麼辦？

　　日本福島正遭逢有史以來最大規模9.0地震，並引發超過十米以上的巨大海嘯。身為第二核電廠負責人增田直宏先生聽到這個消息，他沒有坐以待斃。而是召集團隊，研擬搶救的替代方案。

　　在搶救的黃金時機，唯一的任務既是冷卻反應爐。然而，許多不可能的難題一一發生。當年核電廠設計規格為5.2米的海嘯高度，但這次海嘯越過防坡高度，造成三個反應爐的冷卻系統失效。要如何因應呢？這些都大幅超過他們平日工作的經驗與知識。

　　此時此刻，備用電力為恢復冷卻系統功能的唯一途徑。然而，串聯這三個反應爐的電線長達九公里，每兩百公尺的電纜重達一噸。通常需要二十個人利用重型機具在一個月以上才能完成。在這個緊急的時刻，增田號召百人以上加入人工搬移的行列。就在福島第一核電

廠傳出發生第三次爆炸之際，增田團隊將四個反應爐順利進入冷停機狀態，避免第二核電廠的輻射外洩（古拉地、卡斯托、克羅帝里斯，2015）。

增田先生冷靜的克服異常管理的未知挑戰，成功達成減損的任務。

廠房災害管理

然而，許多客戶沒有災害管理經驗與知識，悲劇一再重演。災害現場就像是工地一樣，百廢待舉。

一般人可能無法想像，國內核四廠的工地可能連廁所都沒有。在情急之下，許多人只能就近以寶特瓶「方便」，被埋在核四廠圍阻體牆壁。此舉被媒體大幅報導後，引起社會大眾軒然大波。

火災現場的安全問題也是超乎一般人的常理判斷。舉例來說：

- 天花板滴漏的液體易造成人員危險。這些液體可能包括：火災煙灰與水結合之後產生鹽酸，或者工廠的化學品，都可能傷害未保護的眼睛或身體。
- 地面積水易造成人員危險。在環境可能未斷電的情況下，泡水的延長線易造成人員觸電。
- 復燃的可能性。曾經有工安人員在火勢撲滅之後，眼見蓄熱的

銅片引發復燃，立即以滅火器鋪滅餘火。

‧特殊氣體管路破裂造成毒氣外洩。

即便是消防人員面對特殊化學品廠房的火災，也會事先請教國家級「緊急應變諮詢中心」（Emergency Response Information Center）專家，瞭解化學品的潛在危險。曾經某家半導體廠商在遭受祝融之災時，未在第一時間提供「廠區平面圖」（Layout）給消防隊，增加消防隊救災的風險。後來，本事件經由媒體曝光，該廠商公開道歉。因此，對於初次進入現場救災人員，「廠區平面圖」與「物質安全資料表」（MSDS）至為重要。

在火災的高溫燃燒下，塑膠易解離為氯化物（Chloride），結合濃煙四處蔓延擴散。搶救人員依常理以濕抹布移除設備表面的煙灰髒污，結果水與煙灰的氯離子反應下產生鹽酸，反而造成更為嚴重的銹蝕。因此，我們一再告誡受災客戶：火災的搶救禁止用水擦。

此外，火災後建物一片漆黑，許多客戶直接上白漆以便「眼不見為淨」。即便數月之後，火災味道仍揮之不去，才找我們後續處理。如前所述，火災之後黑色煙灰的氯離子將沾附在建物表面。除了煙灰本身含有致癌物質，沾附在建物表面的煙灰內含氯離子。這就是新聞媒體報導過的「海砂屋」問題。一旦海砂混入建物水泥中，海鹽（氯化

鈉）將解離出氯離子，長期下來不僅造成油漆水泥剝落，也會造成鋼筋的銹蝕。國外研究顯示，將火災後建物直接上漆也將造成「海砂屋」效應。

有些客戶先將火損的隔板拆除。然而，在缺乏適當的隔離之下，污染從「重災區」擴散到「非災區」，反而造成更爲嚴重的交叉污染。

機房災害管理

以美國911事件爲例，恐怖攻擊造成紐約雙子星大樓應聲倒塌。漫天蓋地的金屬塵爆席捲商業大樓數以萬計的電腦。電力中斷不僅造成資訊中斷，受污染的電腦必須迅速復原。一旦貿然將受污染的電腦開機送電，易造成沾覆粉塵的電路板短路現象。

即使機房以二氧化碳設備滅火，但可能空調設備停機。在高濕度的環境，沾覆著火災煙灰與霧霾（PM2.5）易造成電路板漏電。IBM（2015）的研究證實上述的現象。他們把氯化鈉，以及PM2.5與汽機車廢氣產生的NH4NO3，沾覆在導電的電路版上，平均在RH70%濕度下量測到電路板的漏電反應。

經過火災煙燻後的電腦不建議貿然開機，以免造成設備短路。

4-6
資安調查恍然大悟

近年來，接二連三發生國內銀行與券商的資安事件，這個行業已無法將國際資安威脅置身於事外。根據國際資安調查報告，國際銀行駭客平均入侵銀行系統到完成資料竊取歷時42天。此次2016年來台的駭客入侵手法類似俄羅斯「Carberp」集團。為了完整描述他們入侵的流程、軟體與技巧，讓我們摘要出俄羅斯資安公司「GROUP-IB」與荷蘭資安公司「Fox-IT」（2014）的報告：

攻擊步驟

主要駭客的攻擊可能包含以下步驟：

1. 首先感染一般員工的電腦。

2. 在其他的電腦中，竊取系統管理者的使用者密碼。例如，一個技術支援工程師的密碼。

3. 取得某個伺服器的合法控制權。

4. 從伺服器盜用網域管理者的密碼。

5. 獲得網域控制站的存取，並盜用所有使用中的網域帳號。

6. 入侵電子郵件或工作流程伺服器。

7. 入侵銀行系統管理者伺服器或工作站。

8. 安裝軟體監控特定的系統人員，特別是照片或影像紀錄。

9. 建立特定伺服器的遠端存取如：防火牆組態變更。

根據上述的報告，我們整理駭客五大入侵手法。為了讓讀者一窺駭客入侵方式，我們穿插資安產業專有名詞與專業用語。

假扮身分

為了假扮正常人的身分，駭客發展兩種「商務／企業電子郵件詐騙」（BEC）手法：

- 以外部客戶名義：攻擊者以客戶夥伴的名義，尤其是永久性的金融或政府單位，寄出的電子郵件通常不會被質疑其可信度，但也是最危險的。透過上述的電子郵件附加惡意程式，駭客尋找各種入侵目標受害者的機會。一旦受害者不察、打開電子郵

件內的惡意程式，無疑地爲駭客打開入侵組織系統的大門。

· 以組織內部名義：除了入侵交易系統之外，駭客還需要取得被駭者電子郵件伺服器的權限，以便能夠觀察他們的內部溝通。取得權限的好處在於駭客可以迅速發現他們的異常活動是否已被發現、被駭者使用的技術與解決方案。萬一被發現，駭客將迅速採取反制措施，讓被駭組織誤認爲問題已被解決。

弱點掃描

駭客集團使用滲透測試工具「Metasploit」尋找被駭者系統的弱點（如：CVE-2014-4113）。駭客可以透過系統弱點進行以下活動，如：通訊埠掃描與「系統探勘」（Reconnaissance）、提高系統權限等，或在不同系統或網路之間收集憑證與跳躍。

配套程式

以「先進持續威脅」（APT）爲例，「Carberp」集團採取「網路釣魚」（Spear Phishing）或「傀儡殭屍網路」（Botnet），作爲外部入侵的第一步。除了核心病毒「Anunak」，他們搭配數個特殊或Windows常

見的程式，如：

- Mimikatz：作爲取得當地與網域帳戶的密碼的工具。駭客修改軟體的使用者介面與錯誤訊息輸出，以便可以在沒有任何警訊之下，秘密的取得帳號密碼。

- Mbr_Eraser：刪除硬碟內容。

- SoftPerfect Network Scanner：尋找區域網路。

- Cain & Abel：取得密碼。

- SSHD backdoor：作爲取得密碼與遠端控制之工具。駭客取得Linux家族開機系統的伺服器存取之後，他們使用SSH後門傳輸登錄伺服器的帳號與密碼到外部病毒的伺服器，以便下一步可以遠端存取這些被駭組織的伺服器。

- Ammy Admin：遠端控制。它曾在Unix系統上被安裝在「SSHD backdoor」，以及在其他被駭伺服器木馬程式「Anunak」一起被下載。

- Team Viewer：遠端存取與控制。

同時，駭客們也會安裝軟體監控特定的系統人員，特別是取得他們的照片或影像紀錄。駭客得以繞過被駭系統的防火牆，取得用戶電腦的遠端存取。最後，駭客將被駭組織的帳號、密碼或重要資訊，一一上傳到他們指定的外部網站。

不留痕跡

此外，駭客修改上述的配套程式。透過「MBR Eraser」程式，駭客刪除所有他們入侵的軌跡。此外，駭客以修改後的「Mimikatz」程式。在沒有出現任何警訊之下，駭客竊取用戶的帳號與密碼。

在入侵銀行內部網路之後，駭客下載惡意碼並在ATM開機系統的「設定檔」（Registry）變更銀行券的面值，如：100盧比面值的銀行券改成5,000盧比。駭客使用修正後的偵錯程式，可以直接從提款機領錢。他們會避免「閘門勿開或遺失！」錯誤訊息在被駭銀行的電腦顯示，以避免打草驚蛇。

擴大感染

傀儡殭屍網路「Andromeda」管理者伺服器位於哈薩克、德國與烏克蘭，安裝可動態IP更新的BulletProof伺服器。透過它的基礎建設與「匿名路由器」（TOR）或「虛擬主機」（VPN）之使用。在2014年8到10月之間，Andromeda網路資料庫增加到260,000個病毒。倘若被駭組織的次網路被感染，將導致上述的Andromeda網路寄送病毒郵件到組織內其他員工。

4-7
災因調查追追追

　　我們多次參與產險公司客戶火災專案檢討會議。會議中邀請某家災害鑑定單位報告事故原因調查。該單位以訪談內容推論起火點原因。結果，產險高階主管認為這是「想當然耳」的結論，一開始就質疑，最後認為他們的報告結論不足以採納。

　　到底災因調查和一般的研究有什麼差異？國際上，災因調查屬於「鑑定」（Forensic）的領域，具有學術與實務上的專業度。

　　如果未找第三方災因調查單位，組織內部要如何進行？災因調查需考慮哪些重點？以下從使用者的角度，介紹災因調查的基本觀念。

為何需要災因調查

　　企業「工安」人員平日忙於解決公司內部大小事件，還得研究國內外法規與解析重大災害。在研讀國外工安標準與法令時往往無法深

入背後的內涵。從新聞了解事故，其訊息瑣碎、不易分析。透過災因調查分析工具，才能從個案分析瞭解事故發生背後真正的「根本原因」（Root-Cause）。

從產險公司的角度，災因調查的目的在於：

1.避免被保險人未來發生類似情形。

2.確認本災害屬於保單承保範圍。

3.研判本災害是否有詐欺情事。

4.研判本災害的代位追償對象。

5.提供本災害之損害防阻經驗。

事故安全調查法

事故安全調查法有助於「根本原因」之分析達到「見樹又見林」。事故安全調查法包羅萬象，如：「非正式」（Informal）、「一對一訪談」（One-to-one Investigation）、「腦力激盪」（Brainstorming）、「時間序列」（Timeline）、（Sequence Diagram）、「辨識關鍵事件表」（Causal Factor Identification）、「檢核表」（Checklists）、「事先定義邏輯樹」（Pre-defined Trees）與「邏輯樹」（Logic Trees）等，這些調查方法從非結構化到結構化都有。

這些調查法背後採用不同的邏輯。除了上述提到調查法大多為「演繹法」（Deductive），其他如：「腦力激盪」採用「直觀法」（Intuitive）、「證據／假設矩陣」（Fact Hypothesis Matrix）兼顧「歸納法」與「演繹法」的特性（Center for Chemical Process Safety，2003）。

但是，現行的事故（件）調查方法種類繁多，徒有滿手工具卻無從下手調查。「時間序列」有助於調查者（團隊）掌握事故（或事件）的全貌，但它並無法獨立存在，找出根本原因。「辨識關鍵事件表」的特色在於在「時間序列」中找到未計畫、未預期或負面的項目，但有可能會忽略其他的因素，導致誤導到其他的根本原因。「檢核表」優點在於調查者（團隊）不需要很多的訓練便可以上手，缺點在於調查者（團隊）易於直接跳到結論。「事先定義邏輯樹」的特色在於調查者（團隊）可能會引介非他們專業之專家，缺點是可能無法超越他們專業與經驗以外之**「橫向思考」**（Lateral Thinking）。「邏輯樹」適合用於跨領域的調查團隊，但所需的時間較長（Center for Chemical Process Safety，2003）。

Center for Chemical Process Safety 舉出他們會員常用的方法論組合（2003）：方法 A 是「時間序列」加上「邏輯樹」，方法 B 為「時間序列」加上「事先定義邏輯樹」或搭配「檢核表」。根據本書作者的觀察，目前國內業界大多採用「時間序列」、「檢核表」與「邏輯樹」等

（中央大學環工所，2010）。

事故安全調查法限制

Sutton（2015）指出「根本原因」分析之限制。他分享，在一個大型專業研討會中，即便是與會者無法在根本原因分析的定義達成共識：「它在不同產業是不同的事情—即便是同一個產業中，它還是不同的事情。即使在同一家公司中，它很難找到共識。」

針對這個問題，Sutton 提出以下的推論。首先，「發現許多根本原因是可能的，但不是那一個唯一的原因」。其次，即便事故安全調查者皆採用「Why Tree」方法論，但他們的結論可能不盡相同。以幫浦密封件的失效為例，第一個調查者（團隊）可能發現密封件的型號錯誤，他將會調查公司的採購程序；第二個調查者可能認為維修技師並未提供正確程序，所以將調查教育訓練之適當性；第三個調查者可能調查幫浦內的液體和其他不同，他將調查液體的變更可能導致材料的失效。

不過，是否結構化的方法論為根本原因分析的萬靈丹呢？

Sutton（2015）指出，「倘若事故調查方法採取標準化的程序或軟體，即便它們是結構化的趨向，這些系統也可能根本上是主觀的」。

同樣的，這類型的問題也可能在質性研究個案研究法出現。個案研究教授Yin（2001）強調：「這些（資料分析）策略沒有一個是容易使用的，沒有一個可以像遵循任何食譜的簡單步驟一樣，機械化地應用。一點兒都不意外的，個案研究分析是進行個案研究時最困難的階段……（資料分析）在處理時也必須小心謹慎，以避免造成有偏見的結論。」

4-8

理算洽商之攻防實務

　　本書提到復原的標的物為高額投保、高價值的資產，如：廠房、產線、設施與設備（包括：IT機房與主機）。由於受災客戶通常不願意對外張揚，在商業保密協定的規範下，外界鮮少有人得知災後復原的始末。由於災後復原彷彿披著「神秘面紗」，受災客戶在第一次接觸後往往會難以接受，甚至認為「保險不是要賠我新的（設備）嗎？」

公證人角色

　　根據「保險公證人管理規則」，一般保險公證人為「指向保險人或被保險人收取費用，為其辦理海上保險以外保險標的之查勘、鑑定及估價與賠款之理算、洽商，而予證明之人。」

　　保險公證人工作範疇主要有：查勘、鑑定、估價、理算與洽商。

　　公證人協助產險公司進行被保險人的損失理算。一旦災害事故發

生，被保險人通知主導的產險公司，立即通知其他共保公司與配合的公證公司。在接獲通知後一至三天內，產險公司偕同公證人與專家到災害現場進行查勘。

通常，公證公司需兩周時間進行現場盤點或清點作業。如欲進一步釐清災因，產險公司將會委請「鑑定」公司進行災因調查。為進一步理算損失，公證公司請被保險人提供進一步的資料，如：災損資產清單、使用年限與帳面價值等。以一般案件，理算損失作業所需約一個月。

在與利害關係人多次開會討論後，公證公司最後將理算報告定稿，提交給主導的產險公司與共保公司。主導的產險公司與共保公司代表依據該報告內部提報，依照共保分擔比例提撥賠付金額。倘若本次出險的金額過於龐大，在理算報告尚未正式出爐之前，主導的產險公司與共保公司會分批預先支應。

洽商實務

所謂洽商，即依保單，溝通其承保責任、內容，以及所需的資訊與費用單據，以便釐訂其損失理算的金額。在實務上，產險公司與被保險人各自有不同的認知：賠償的認定？理算的基礎？抽樣的依據？

公證人的角色在於說明與釐清保險的立場。舉例來說，某個客戶會議可能有類似以下的對話：

公證人：今天討論風災水侵半成品損失的界定。

被保險人：以目視判斷這些半成品，沒問題不代表就是好的。污染物可能在數月後影響半成品，如電路板的劣化，所以這樣的分類沒有效果。

公證人：我們建議依現場半成品的現狀分類，如：污染或變形。分類之後，才能夠進行下一步的搶救。

被保險人：並不確定半成品的電路板內有多少污染物，無法用目測或電測確定半成品是否完好。

公證人：不OK的理由為何？

被保險人：本次受污染的半成品是我們高階產品的客戶。

產險公司：產險公司理賠的程序，需要科學量化的證據。

被保險人：客戶和保險要求的不同。

被保險人：電子業允收標準為全檢，而全檢的費用很高。

產險公司：全數的半成品都需要（可靠度）全檢？

公證人：受潮電路板都需要經過廠內品管列出原因，才有機會進行後續除污處理。

被保險人：品管是針對正常品才去做。

復原專家：被保險人認爲受潮半成品就不需經過品管，已經有預設立場，不能跳過這個品管流程。

被保險人：水氣進入電路板內部是看不到的，要以可靠度檢驗才會知道。

公證人：經過分類以後，舉例來說100件可能40件全損，40件不用可靠度檢驗，剩下20件需要檢驗。

被保險人：受潮半成品不能用正常品的檢測方法。已有水漬的產品還要用「燒機」（Burn in）判定？

公證人：挑選一部分的受潮半成品先做「燒機」測試，測試完之後就會有初步結果，可能就不需要全部進行可靠度檢驗。

被保險人：好吧！先走第一階段「燒機」測試，不過關的檢測品就不用進行後面的「可靠度」檢驗。是否有空的產線進行6,000多片的「燒機」測試？

問題討論

以上洽商的重點在於：全損或修復、抽檢或全檢、檢驗方法與階段。爲了爭取受潮半成品的全損，被保險人堅持六千多片受潮電路板

須全檢，檢測費高八千多萬。相較於高額昂的檢測費，受潮半成品價值僅兩千多萬，因此建議產險公司以全損方式進行理算。

因為被保險人有預設立場，在驗收標準上產生邏輯上的謬誤。首先，被保險人宣稱電子業允收標準為全檢。然而，業界IT產品的抽樣信心水準為97%以上，絕非被保險人宣稱的100%。

此外，被保險人堅持客戶不接受疑似受潮半成品，因此他們在會議簡報中提議採取軍規「零收一退」的驗收標準。簡單來說，「零收一退」為全數無瑕疵品才收貨，只要有一個瑕疵品就全數退貨。「零收一退」標準非易事，需要整體供應鏈的配合。公司要實施「零收一退」標準也要對上游的供應商採取「零收一退」標準。

這樣的邏輯就像是「先畫靶再射箭」。

被保險人先設定全損（靶心），結論設定為「全檢費用遠大於全損費用」。在排除抽樣的標準，被保險人用最嚴格的軍規「零收一退」（射劍）說服產險公司。後來，被保險人提不出任何證據，證明他們與他們的供應商採取「零收一退」標準。最後，被保險人自知理虧就不再強勢要求，而是接受產險公司抽檢的提議。

Part 5
經典個案

某個 IT 業老闆曾說，我們針對新冠疫情有個應變計畫。言下之意，有個計畫已經足夠。其實這是主管的「錯覺」，重點不在於有個計畫，在於團隊是否有因應災害的自信。

5-1
終結國際知名手機品牌的一場小火

在歷史洪流中，千禧年（2000）象徵一個世紀的終結與新生。對於資安來說，「電腦千禧蟲」（Y2K）幸好沒有釀成全球性巨災。然而，沒有人料想的到，2000年美國一個小閃電成為國際危機管理的經典案例。

對於全球佈局的半導體J公司來說，這僅是他們全球晶片廠的小火災。然而本事件影響所及，隔年牽動全球手機產業的版圖。最後，E公司黯然退出全球行動電話市場。

企業簡介

2000年，J公司為全球營收47億美元，位居世界排名第九。根據2000年年報，J公司17個生產基地分布50個以上國家，全球員工達三

萬三千名。全球生產基地每天製造超過八千萬顆的晶片。2000年的投資已達十六億歐元，提升40%產能。2000年J公司的投資包括：併購IBM紐約廠與新加坡廠的合資。J公司提供的晶片在全球手機市場市佔率達80%，成長幅度達40%。但在J公司年報之中，並未提及美國某個城市的一場火災對他們造成了什麼影響。

事件始末

在這個城市，J公司為全球K公司與N公司唯一通訊晶片之代工廠。該州為全美閃電頻率最高的地區之一。就在3月17日那一夜，閃電擊中全市的電線，不穩定的電流引發晶片廠內小火災。火災在十分鐘內被立刻撲滅，僅影響八個晶片盤、大約上千片晶片。

當時，J公司缺乏處理火災污染經驗。他們甚至開玩笑，提出以牙刷清除晶圓上奈米級的煙灰。當事件發生後，J公司通報這兩家大客戶：他們在一周後便可恢復生產。後來J公司發現，事情並非想像中的樂觀，上百萬片的庫存皆遭受到污染。最後，該廠停頓六周以上仍未採取行動。

寶貴經驗

這就是企業面對危機的關鍵態度：N公司啓動緊急應變計畫，而K公司沒有。兩家公司截然不同的緊急應變態度，決定了企業的生死存亡。

在得知J公司火災事件之後，N公司採取三個重要的決策（Amit，2008）：

調度J公司全球產能：

N公司緊急應變小組透過他們CEO Mr. Jorma Ollila向J公司CEO Mr. Cor Boonstra直接反應。

避開J公司晶片重新設計：

N公司緊急應變小組率領一組三十人的跨國團隊，修改晶片的原始設計。

尋找其他晶片供應商：

傾全力到世界各地尋找可生產類似晶片之來源。

但是，這三個替代方案並不能解決所有的難題，因爲：

· 當時全球市場需求大增，J公司沒有額外的產能。J公司全球17個廠每天生產8千萬片晶圓，80%用於行動電話。

· 五個由J公司生產的晶片，其中兩個沒有替代品。五天後，兩家供應商生產兩百萬顆可以替代的晶片。

．N公司重新設計的手機，可讓阿布奎基廠在復原之後快速生產，以便補足災後損失的兩百萬晶片。

最後，N公司與J公司達成共識：在這個危機時刻，兩家公司將在營運視爲一家公司以度過難關。J公司同意，千萬晶片由荷蘭Eindhoven廠支援。另一個上海廠的產能騰出來供N公司使用。

反觀K公司並沒有任何作爲。本事件造成K公司 4億美元收益損失，以及16億8千萬美元的營運損失。在事件落幕之後，他們承認**「我們沒有B規劃」**（We Did not Have a Plan B）。在缺乏關鍵性的晶片來源，2001年K公司與G公司合組公司，以便能夠交貨給客戶。十年後，K公司黯然退出全球行動電話市場。

5-2
刪減「樹木修剪」科目 造成美加大停電？

　　1999年夏天，台灣發生729大停電。2017年，和平電廠與中油大潭電廠事故造成全台限電與分區停電，這場「815全台大停電」不僅造成生活的不便，全台更造成839起電梯受困事件、255人受困貓空纜車車廂，甚至開刀卡住的災情。

　　停電到底對於產業風險管理帶來什麼啟示？水電油氣是工廠或半導體無塵室生產運作的基本條件。尤其是電，控制廠房設備與機器內運作去離子（DI）水、廢水、空氣懸浮微粒或特殊氣體等溫度、流量或壓力。因此，穩定的電力供應為製造業經營的基礎建設。

　　以下我們就以美加大停電為例，探討一連串事件所造成的「蝴蝶效應」。

事件始末

2003年8月14日下午四點五分五十七秒，美加地區出現無預警大停電，五千萬人以上遭受停電之苦。30小時停電預估造成損失四到六十億美元。光就紐約就損失就高達十億美元，平均每小時三千六百萬美元。

為何單一電廠機組跳脫造成嚴重的大停電？簡單來說，電力格網（Grid）的優點是某一個地方發電，可以傳輸到另一個地區使用；缺點是一旦某一個機組發電量不足或傳輸線路無法傳輸足夠的電力，就有可能導致某一個機組過載而導致連鎖斷電（貝澤曼 & 華金斯，2008）。

即便美加中西部電網的電力調度中心（Independent System Operator，ISO）缺乏中央控制權，並無法在第一時間掌握16家公營事業管轄的上百家發電廠與上千條斷線的線路。以下是美加大停電聯合調查專案小組整理的事件始末：

- 下午兩點，俄亥俄州「第一能源公司」（FirstEnergy，簡稱FE）680百萬瓦（Megawatt）「東湖」電廠（Eastlake）五號機組跳脫。
- 下午三點六分，第一能源公司 Chamberlain 到 Harding 之間345千伏（Kilovolt）輸電線路跳脫，導致額外的 Hanna 到 Juniper 線

路跳脫。

· 下午三點三十二分，Hanna-Juniper輸電線路過熱，因樹木碰觸而跳脫。

· 下午三點四十一分，在「第一能源公司」Star到South Canton 345千伏輸電線路之間，位於Star開關場的斷路器跳脫。該站與「美國電力公司」（American Electric Power）共用鄰近的電網。「美國電力公司」Star變配電所位於東北的俄亥俄州（Ohio）。

· 下午三點四十六分，「美國電力公司」Tidd到Canton 345千伏輸電線路跳脫，它連結「第一能源公司」的電網，位於「美國電力公司」俄亥俄州Canton。

· 下午四點六分，「第一能源公司」Sammis到Star 345千伏輸電線路跳脫，接著重新連線。

· 下午四點八分，加拿大安大略省與美國東岸的電力系統發生搖擺現象。

· 下午四點九分，俄亥俄州克里夫蘭市的電力幾乎等於零。

· 下午四點十分，密西根州的Campbell燃煤發電廠三號機組跳脫。

· 下午四點十分，密西根州Hampton到Thetford 345千伏輸電線路跳脫。

· 下午四點十分，密西根州東南部Oneida到Majestic345千伏輸電

線路跳脫。

- 下午四點十一分，俄亥俄州 Orion Avon Lake 燃煤發電廠九號機組跳脫。

- 下午四點十一分，Lake Erie 湖邊到俄亥俄州的 Davis-Besse 核電廠的輸電線路跳脫。

- 下午四點十一分，位於俄亥俄州西北部 Lemoyne 與 Foster 配電變電所的輸電線路跳脫。

- 下午四點十一分，在停電的情況下，俄亥俄州 Perry 核電廠一號機組自動停機。

- 下午四點十一分，在停電的情況下，紐約州 FitzPatrick 核電廠反應爐自動停機。

- 下午四點十二分，在停電的情況下，加拿大安大略省 Bruce 核電廠自動停機。

- 下午四點十二分，在停電的情況下，紐約州 Rochester Gas and Electric's Ginna 核電廠自動停機。

- 下午四點十二分，在停電的情況下，紐約州 Nine Mile Point 核電廠自動停機。紐約陷入大停電。

- 下午四點十五分，「第一能源公司」Sammi 到 Star 345 千伏輸電線路跳脫，接著重新連線。

- 下午四點十六分，在電網不穩定的情況下，紐澤西州Oyster Creek核電廠自動停機。
- 下午四點十七分，在停電的情況下，底特律Enrico Fermi核電廠自動停機。
- 下午四點十七分至二十一分，密西根州輸電線路跳脫。
- 下午四點二十五分，在停電的情況下，紐約州Indian Point核電廠核電廠自動停機。

寶貴經驗

針對根本原因，「美加大停電聯合調查專案小組」發掘出調度電腦的問題：

- 中午十二點十五分到下午四點零四分：美國中西部電力調度中心（Midwest Independent System Operator，MISO）「電能管理系統」（Energy Management System）系統監控工具「配電狀態估計程式」與備援系統出現問題。
- 下午兩點十四分：「第一能源公司」電能管理系統之警報功能失靈，但是「第一能源公司」電能管理系統 IT 人員與控制室並沒有人發現。

．下午兩點四十一分：提供警報功能之核心伺服器或連接遠端的「電能管理系統」失靈。因為前兩者喪失功能，「第一能源公司」不知道系統已經有多條線路跳脫，以及系統電壓過低。

他們在報告中特別指出：本次軟體問題已嚴重地影響這次大停電，但並非惡意程式造成。

專案小組後來彙整了46點改善項目，以下僅摘要其中八點：

（1）並非單一主因導致本次大停電

（2）不以事小而不為

（3）錯誤的刪減預算科目（如樹木修剪）可能造成長期且致災性的影響

（4）保持關鍵性運作系統（如：SCADA）的通報暢通

（6）技術人員擁有適當的訓練

（7）確保關鍵系統的備援

（8）經常性進行關鍵與備援系統的測試

5-3
總經理爲駭客事件下台

距離前文提到「天堂病毒」事件十年內,電腦駭客技術再度大躍進。以往病毒像是小學班上的壞男生。在班上,他們愛搞怪,有時抓抓女生的辮子。他們再怎麼樣壞,頂多在老師的抽屜放隻假老鼠。現在的駭客像是幫派,不管是勒索或搶劫,想要自由就是要留下買路錢。

現在駭客下手的目標很清楚:錢。

「勒索軟體」並非僅針對企業攻擊,遍及之廣甚至影響到市井小民。從2006 年誕生至今,「勒索軟體」不斷更新加密技術,悄悄的加密被害人重要檔案,以便勒索被害人支付贖金。

當金錢成爲目標

2013年,一位「沃普哈絲」女士接到銀行通知,她的戶頭剛被俄羅斯人在加油站消費九百美元。大約在同一時間,在海軍服務的「杜

爾」先生的現金卡也被溢領六百美元。

這不是單一個案，只是冰山的一角。

2013年12月，美國零售商L公司宣佈了他們遭駭客入侵，影響期間為2013年11月27日到12月18日在全美1,797個商店消費者，相當於1千萬筆信用卡或金融卡交易資訊。隔年1月，L公司公佈網路犯罪者也竊取7千萬筆個人資料，包括：姓名、電話、電子郵件。《Businessweek》週刊記者目睹L公司消費者個人資訊在黑市待價而沽：離L公司總部方圓12英里內，至少有7千張信用卡資訊求售。

和2012年同期相比，本次駭客事件讓L公司在2013年利潤減少46%，約4億4千1百萬美元。而且，L公司在該時段的交易量下滑至2008年來的最新低點。甚者，這個風暴不僅造成加拿大業務一落千丈，導致上百個加拿大據點關門大吉。

L公司個資外洩事件超過140個訴訟案件，和解金超過1億美元：

（a）最後以1千萬美元與受影響的顧客達成和解、

（b）與VISA以6千7百萬美元達成和解、

（c）與Mastercard以1千9百11萬美元達成和解、

（d）和其餘銀行以2千又25萬美元達成和解。

隔年，總經理與資訊長先後請辭，以示負責。

事發過程

2013年12月12日美國司法部門告知L公司，曾在L公司購物消費的信用卡出現不尋常的紀錄。隔天，L公司與司法部門會面商討本案。L公司聘請外部資安專家展開調查，兩天後確認他們的系統早已被駭客入侵。

駭客入侵點從L公司外包合約空調與冷卻（Heating，Ventilation and Air-conditioning）廠商的「釣魚郵件」開始。

為了在網路上執行線上付款、合約確認與專案管理，這家空調廠商可以遠端存取L的電腦系統。一旦駭客竊取他們在L公司系統的身分名稱、密碼或網路憑證，便取得L公司內部系統的入場券。駭客入侵L公司的時間點為2013年11月12日。

11月底，駭客在L公司分店收銀機安裝病毒「BLACKPOS」，以便蒐集各店消費者的姓名、電話、信用卡／金融卡交易資訊，或電子郵件。這個被防毒軟體公司主管稱為「超級簡單、不具吸引力的」病毒，在駭客黑市售價大約在美元1,800到2,300元之間。

為了掩人耳目，駭客設定病毒在正常上班時間（上午十點到下午六點）傳輸各店消費者隱私資料，大約兩周的時間傳輸將近11 giga-bytes到美國三個資料轉運站，最後再集中傳到莫斯科。

組織處理方式

位於明尼斯達州首都明尼阿波利斯，L公司在L公司.com網站與1,921個商店服務客戶，其中包含1,797個美國據點，為美國第二大零售商。

L公司在安全技術、人員與流程上投入相當的資金與資源。根據《Businessweek》（Bloomberg，2014）記者造訪L公司資訊中心，驚訝於他們數十億美元IT的基礎建設。這樣規格常見於銀行、軍方、高科技公司、通訊業者，但在零售業相當罕見。T公司中心資訊安全人員編制至少超過300人！他們也設置多層的保護，包括：防火牆、惡意程式偵測軟體、入侵偵測與預防能力與資料損失預防性工具。2013年，L公司的資訊系統被評比符合Payment Card Industry 資料安全標準。

這個看起來是資訊安全的資優生，為何L公司的電腦系統在遭受駭客入侵時如此脆弱？再者，為何他們投資一百六十萬美元、與美國FBI同等級的先進技術，卻無法發現這個「超級簡單、不具吸引力的」病毒？

在2012年，L公司採購了資安公司FireEye惡意程式工具。該公司由美國CIA投資，其開發的惡意程式工具獲得FBI與五角大廈等青

眛。和以往掃毒軟體從歷史紀錄判斷有所不同，FireEye惡意程式工具在虛擬主機建立平行運算電腦，在病毒發動攻擊之前偵測到它。

2013年11月底，FireEye的工具偵測到駭客所植入的病毒 "malware.binary"，並送出警訊。三天後，駭客安裝進階版的病毒在L公司POS系統。FireEye確認更多不尋常活動。為何病毒沒有被FireEye自動刪除，而導致後續的資訊外洩事件？

根據《Businessweek》記者採訪當時稽核L公司的 FireEye系統人員，證實L公司解除FireEye系統的自動刪除病毒功能。就在同一時間，L公司添購的防毒軟體Symantec也指向同一個電腦伺服器出現異常活動，但這些警訊也被忽略。直到12月美國司法部門告知之後，L公司才著手調查此事。

12月15日，L公司確認駭客透過POS系統入侵，竊取客戶信用卡資料。L公司開始移除POS系統上的病毒，準備客戶與各據點的正式通知函。三天後，資安專家Brian Krebs先生在網站宣稱L公司正在調查駭客入侵事件。本事件被迫提早對外曝光。12月19日，L公司首度透過各種管道對外告知本事件，被竊取高達4千萬筆的信用卡或金融卡資料。

就在耶誕節假期之後，L公司得知駭客竊取信用卡的加密PIN四碼，他們通知客戶不需要為可能的盜刷風險負責。隔年（2014）1月，

L公司透過各種管道告知客戶外洩的資訊，如：姓名、地址、電話與電子郵件，以及後續處理之道。另外，L公司確認新增加7千萬筆被竊取信用卡或金融卡資料。

此外，就算是信用卡資訊遭竊，爲何駭客可以輕易複製僞卡，造成如此嚴重的損失？

駭客出售L公司客戶信用卡，標價從6美元的預付禮物卡到200美元美國運通白金卡不等。竊盜集團買家可從上述L公司信用卡號碼快速製造僞卡，然後在網路商店購買禮物卡，以便容易轉成現金。

寶貴經驗

問題出在磁條信用卡容易複製僞卡，爲當時美國信用卡的主流。倘若要更新爲晶片信用卡與讀卡機，需投資上億元美元。爲了避免未來發生類似的問題，L公司採取下列預防措施：

（a）將以往磁條信用卡將更改爲晶片信用卡。

（b）改善近兩千家分店的POS收銀機與讀卡機。

5-4
引發董座總座請辭的最後一根稻草

　　七月深夜，S石化廠轟然巨響，大量外洩的丙烯造成工廠大火。這是不到一年內發生第七次工安事故，一周內二度發生火災。面對社會輿論壓力之下，董事長與總經理雙雙請職，以示負責。

　　社會大眾質疑他們為何一再發生意外？服務超過40年前S工廠總經理說：「這整個事件看起來是我的責任，因為很多東西我們都很努力在做，也認為做了比以前做了很多改善，看起來是不夠，所以它還繼續再發生一些問題，所以今天早上我已經跟我們董事長請辭了。」以管理嚴謹著稱的S工廠，面對一連串發生的工安事件束手無策，災後復原專家如何解決這個棘手的問題呢？

事件始末

　　這次大火起因丙烯乾燥脫硫器爆炸，炸出約一平方公尺的大洞。

脫硫器像一聳立的煙囪，高十五公尺、直徑三公尺。本事件疑似人員操不當，導致設備局部過熱破裂，引發工廠爆炸失火。洩漏的丙烯擴散一百平方公尺，並引發三個起火點。附近居民聽到三聲爆炸巨響，遠處可見十公尺高火勢。

更令人擔心的是，火場氣槽內存放百噸瓦斯。現場人員戒慎恐懼，至少十部消防車嚴陣以待。副縣長坐鎮指揮，一直守到天亮。對於三天一爆、兩天一火，他深感無奈：「嘸知講啥才好」。

冰凍三尺，非一日之寒。去年嚴重的火災事故發生也是發生在七月。另一個廠區重油自設備管線裂縫外洩，接觸高溫後引發火災。工廠的公共管線長度約八百公里，足以繞行台灣本島兩圈，占整體工業區管線總長度一半。長期的化學腐蝕造成管線裂縫，成為當地工安的不定時炸彈。

組織處理方式

在去年七月火災之後，廠內控制系統的運作並不穩定，最嚴重的事故為十月工廠跳車事件。在談未來續保時，S工廠希望保險公司擴大理賠範圍涵蓋至相關的設備。在找不出其他的原因之下，保險公司首度邀請復原專家進行現場勘查。

當時復原專家抵達工廠，勘查重點為儀電主控室。一行人抵達時，現場環境乾淨，看不出有什麼異常。

主控室關鍵性的設備為分散式控制系統（DCS），主要進行廠務監控管理。以美國石油化學工廠為例，每年因製程異常損失高達上百億美元。DCS被稱為第一線的警報系統，在工廠異常管理中扮演關鍵性的角色。

當復原專家詳細檢查 DCS 機櫃內部，發現機架與電線已嚴重銹蝕、大動力盤氧化，甚至機櫃底部殘留著銹水。接著，專家進行專業鑑定才發現，DCS設備已遭受嚴重的離子污染。石化廠化學物質經火災燃燒後，以氣體形式滲透到室內環境，在接觸到水氣之後變成侵蝕設備的強酸。針對復原建議，專家慎重告知：「如果沒有妥善處理，未來將持續惡化」。

今年七月，S工廠發生了第七次嚴重大火。有了前車之鑑，S工廠對於主控室設備不敢再掉以輕心。一個月後，S工廠邀請保險公司、共同保險公司、公證公司，以及復原專家前往現場勘查。

和去年控制室現象一模一樣，另一個主控室環境乾乾淨淨，看不出來有任何異常情況。經復原專家專業會勘之後，DCS設備呈現嚴重的離子污染。工廠由廠處長級的高專代表出席，雙方會面討論後續的

搶救建議。

會中復原專家建議工廠設備停機一個月，並進行全面性除污。但是，S工廠因為生產壓力無法配合，僅能進行八天設備表面清潔。運轉中的設備仍持續帶電，復原專家只能執行設備表面清潔工作，但是該方案的風險「惟不能保證日後操作可靠度」。在權宜之計之下，復原專家指導工廠協力廠商進行表面清潔。

在完成設備表面清潔以後，隔天復原專家執行專業檢測。結果證實這樣的方式無法清除設備上的離子污染，銹蝕的情況會更加惡化。此時，工廠廠長、保養廠廠長出面裁決，停止原來一周的清潔計畫，接受復原專家停機除污的專業建議。

八月，來自於復原專家齊聚工廠，開始執行設備除污。他們全力配合工廠的時程，將原定一個月工作量，壓縮至十八天內完成。從清晨到深夜，復原專家全神貫注拆裝設備。有些設備相當複雜，一套設備高達上千顆螺絲，鎖錯一顆螺絲都可能造成日後問題。在極度壓力之下，許多人身體出現失調現象。

根據工廠的企業文化，結案簽收是比登天還難的任務。復原專家贏得工廠專案負責人的肯定，由高專、課長等四人認可結案。在一年內並未被工廠召回緊急處理，本專案終於以圓滿收場。

寶貴經驗

這三個事故都是百公尺火場造成設備的離子污染。這類型的污染物容易被人疏忽。它隱藏在設備裡、樓梯間，無聲無息地破壞系統的正常運作。當時專案負責人回憶本案是「**看不見的污染**」，一開始都不知道這個硬仗要怎麼打。後來，復原團隊靠著專業檢驗才找到污染的蛛絲馬跡，終於贏得客戶的信任與肯定。

附錄

6-1
知易行難的韌性研究

　　在本書初版於2018年付梓前，並未發現合適的統整性韌性學術研究。疫情期間，韌性研究再度獲得國際產官學研各界重視，完整而全面性的回顧性論文一一浮現。

　　從過去的研究發現，韌性研究依賴特定的背景。為了描繪前因後果的細節，個案研究法為主要的方法，如研究組織在事故和災害背景的回應。由於特定背景的研究性質，導致韌性概念的高度分散化。其次，研究人員尚未統一或解決不同理論性框架（例如：高可靠性組織、從失敗中學習、建立員工優勢等）在不同情境中相關性和應用方式。對企業來說，哪種類型的韌性方法最有益，並在何種條件／情境下適用？韌性是否存在於於特定情況（如某些威脅／危機），還是存在不同情境中的韌性資源、能力和組織結構？（Linnenluecke，2017）

　　回顧性研究主要以評論性論文（Review Articles）與文獻計量分析（Bibliometric Analysis）為主，以呈現歷史上重大事件、理論發展的背

景、研究流派論述的方向，以及被引述論文的排名。

以下摘要Linnenluecke（2017）評論性論文，以提供讀者瞭解韌性研究流派、實務的洞察、影響與挑戰。由於篇幅關係，本文並未深入評論性文章所引用學者的重要論述、待解的問題等學術性批判。有興趣的讀者可參閱作者整理（表6-1），後續參考引述的論文或書籍。

1980～2000年期間

Linnenluecke（2017）論文為韌性研究者引用最多的文獻之一，回顧1980s至2000s初期重要的研究發現：（1）組織對外部威脅的回應（1981、1982）；（2）韌性作為可靠性（1980s、1990s）；（3）員工能力、商業模式與供應鏈調適（2001，911事件後）。

組織對外部威脅的回應（1981、1982）

Staw等人（1981）和Meyer（1982）觀察到組織回應外部威脅的方式觸發組織流程，可能導致功能和功能失調（或成功和失敗）的回應、影響組織的策略性定位甚至其生存。

從1980年代開始，韌性研究著重於檢測和歸因於當時重大事故與巨災的原因。這類的研究強調操作安全性和可靠性，作為組織的最佳

實踐。

　　儘管 Meyer 是第一個在商業和管理文獻中明確使用「韌性」作為概念的人，但他們論文最初在韌性領域幾乎沒有影響力。

　　從 1980 年代中期開始的韌性研究專注於內部公司的中斷導致工業事故和高風險技術的可靠度。直到 911 事件後，韌性研究重新強調外部威脅的重要性，因此開始重新審視 Staw 等人（1981）和 Meyer（1982）的貢獻。

可靠性研究（1980 至 1990 年代）

　　從 1980 年代開始，車諾比、艾克索美孚石油、印度博帕爾（Bhopal）、挑戰者號等大規模事故和災害，引發人們對其原因和後果的重大關注。學術界的興趣從對組織的外部事件及其後果轉移至內部組織的可靠性；特別是對於複雜的組織內部流程的可靠度以及避免小失敗、偏差和可能升級為嚴重事件的故障。

　　以三哩島核電站事故為背景，Perrow（1984）書籍「正常事故理論」（Normal Accident Theory）重要貢獻在於首次介紹韌性即為可靠性。他指出高風險技術系統易於失敗的原因在於它們變得越來越複雜，難以由人員操作。「正常事故理論」帶動新的「可靠性」典範（Van Den Eede 等人，2006 年），關注組織研究與實踐中的操作性安全

研究者（年）	洞察	事故／案例	研究流派之影響（年代）
Staw et al（1981）	威脅僵化效應	NIL	外部威脅的回應（1980s 初期）；營運模型適應性（2001 後）
Meyer（1982）	韌性、保留	醫院	第一個在商業管理文獻發表韌性；外部威脅的回應（1980s 初期）；營運模型的適應性（2001 後）
Perrow（1984）	正常事故	三哩島核電站	可靠性典範（1980s、1990s）
Wildavsky（1988）	預見；韌性	NIL*	高可靠性組織（1980s、1990s）
Weick & Roberts（1993）	集體思維	航空母艦	可靠性典範（1980s、1990s）
Weick（1993）	意義建構	森林大火	可靠性典範（1980s、1990s）
Weick et al（1999）	高可靠性組織	NIL	可靠性典範（1980s、1990s）
Coutu（2002）	災後準備與演練	摩根士丹利	員工能力（2001 後）
Sutcliffe & Vogus（2003）	更廣泛的資訊處理、放寬控制、利用餘裕資源	NIL	營運模型適應性（2001 後）
Luthans et al（2006）	心理資本（PsyCap）	NIL	員工能力（2001 後）
Gittell et al（2006）	增強韌性和避免低效率之折衷	911 事件後的航空公司裁員	營運模型適應性（2001 後）
Craighead et al（2007）	供應鏈特徵與供應鏈減損能力	美國汽車業、訪談與焦點團體	韌性供應鏈（2001 後）

Source: Linnenluecke（2017）

*NIL：無特定案例、或數據之理論性論文、無特定案例之專書，或是無理論架構之實務性文章。

表6-1　韌性研究理論框架之演進

和可靠度。

第二個理論框架是「高可靠性組織」（High Reliability Organizing）。加州大學柏克萊分校研究人員開始觀察高度危險營運，並要求零錯誤績效（Error-free Performance）以避免重大災難的組織（如航空母艦、美國航空管制系統、核電廠），分析他們如何避免事故和失敗，即使他們在極其複雜的條件下持續運作。研究人員得出的結論是，零錯誤績效不僅僅是「不失敗」造成的，而是通過積極尋求可靠性來實現。因此，「高可靠性組織」也被描述為尋求可靠性而不是實現可靠性的實體（見Rochlin，1993；Sutcliffe，2011）。「高可靠性組織」成為主導理論的原因，可能是較少決定論的觀點，並由柏克萊大學不同的研究者共同採納推動（Smart等，2003）。

另一個被高度引用的貢獻是由Weick和Roberts（1993）發表航空母艦飛行甲板日常操作的研究。作者們提出「集體思維」（Collective Mind）的概念，定義為「社會系統中行動的細心相互關係的模式」。換句話說，作者們建議高可靠性組織實施的集體心理程序，如資訊處理、細心（Heedful）行動和警覺（Mindful）關注，比起重視效率的組織發展的更好。「意義建構」（Sensemaking）也是Weick（1993）另一個重要研究，該研究與Weick和Roberts（1993）的論文同時發表。

Wildavsky《尋找安全》（1988）反映可靠性典範。他的建議策略

為：（1）預見（Anticipation）或穩定性作為評估脆弱性並避免潛在危險，以及（2）韌性作為「因應事後應變的能力，並學會反彈回應」。這個韌性定義暗示韌性是廣泛的學習和行動能力，無需事先知道需要行動的情況或事件，這後來被視為「高可靠性組織」的基礎。

員工能力、商業模式與供應鏈調適（911事件後）

美國911恐怖事件結束研究者關注內部組織因應外部事故、中斷、危機和災難，並將注意力轉向在高度環境不確定性下的因應機制和回應策略。當時，韌性的概念也出現在美國政府監管設置中。

911之後三個研究方向：員工能力、商業模式與供應鏈調適。當時在供應鏈研究領域仍處於概念性的貢獻，有影響力的實證貢獻稀少且分散，以下摘要前兩項研究方向。

· **員工能力：**

員工優勢管理為911事件後的第一個韌性研究主流，其理論起源於臨床和發展心理學文獻。此一研究流派基於強烈的信念，認為911事件後應更多地關注培育人們和組織中的優點，包括樂觀、希望和韌性（例如Luthans，2002）。儘管這類型研究始於概念性工作，最終演變為定量研究和測量。

許多後續文獻都借鑒Luthans（2002）對韌性的初步定義，或其變

體。Luthans等人（2006）通過引入所謂的心理資本（或PsyCap）測量，對員工優勢的概念化延伸為積極組織行為的新理論基礎。

整體而言，這一研究流派表明韌性是可學習的能力，可以透過員工的測量和發展，協助他們因應陌生事件的實際能力。因此，韌性已被概念化為心理資本的一個因素（例如Luthans等，2006），並被認為可接受管理干預。

· **商業模式：**

企業在不斷變化的環境中如何調整、適應和重新創造其營運模式。研究者關注組織流程，這些流程可能導致不利的外部變化作出功能性回應（Meyer，1982；Staw等，1981），並研究企業具備的韌性條件。在這一研究領域中，引用率很高的出版物包括Sutcliffe和Vogus（2003），Hamel和Valikangas（2003）以及Gittell等人（2006）。

Sutcliffe和Vogus（2003）試圖結合可靠性與組織因應外部威脅兩個研究流派的見解，並得出結論：如果組織具備以下韌性的促成條件，如廣泛的資訊處理、放寬控制、利用餘裕（Slack）資源等，可以持續利用內部和外部資源來解決問題。

與Sutcliffe和Vogus（2003）類似，Gittell等人（2006）利用Meyer（1982）的研究結果，提出組織需要可行的商業模式，允許建立餘裕資源（或財務儲備），以在危機時期向員工提供強有力的承諾，使組織快

速恢復到正常運行狀態。作者調查主要航空公司對911事件的回應，發現911事件後的裁員（旨在改善績效表現）實際上阻礙長期的營運復原。總的來說，這一研究流派建議建立餘裕資源和其他促成條件。

新方向：啓動韌性

1. 在顯示組織是否具有「韌性潛力」之前，很少有途徑可以檢測組織是否具有韌性或非韌性的回應（Linnenluecke、Griffiths，2012）。
2. 研究人員應關注檢測威脅的時期（即意識到外部威脅或不尋常情況需要韌性回應），並啓動相應可能潛在的組織回應（Burnard、Bhamra，2011）。

　　現階段研究尙未明確界定韌性與安全性、敏捷性（Agility）、穩定性（Stability）相關概念之間的界限。現有的韌性文獻已經認識到，組織的韌性可以由各種層次的因素帶來；例如，個別員工層次或組織層次（例如，Sutcliffe、Vogus，2003）。然而，目前對這些不同分析層次之間如何相互關聯，以及「韌性如何可能的擴展」的洞見仍然很少。未來的韌性研究也可以聚焦在組織多層次議題和規模問題上。

6-2

標準與管理實務的演進

長久以來，我內心一直存在著疑問：為何跨國企業將「持續」、「備源方案」、「韌性」之類的觀念與精神深植組織，從策略、企業文化甚至「標準作業流程」（SOP）中？ Herbane（2010）教授歷史性的回顧或許提供一個參考的方向。

他系統性的整理「營運持續管理」（Business Continuity Management）領域的四個階段：立法推動（1970年中期到1990年中期）、標準發展（1990年中期到2001年）、後911事件（2002年到2005年）與國際化（2006年至今）。以下就摘要他的研究重點：

第一階段、立法推動階段

1973年，美國實施《洪水災害預防法》法案（Flood Disaster Protection Act），成為推動復原計畫或企業持續管理之濫觴。有趣的是為

了防止洗錢，1977年《美國海外反腐敗法》（US Foreign Corrupt Practices Act）法案也促進資料備份與復原的相關技術。

接著，美國多項銀行法案與規定奠定金融產業韌性的基礎。1983年，「財政部金融局」（Office of the Comptroller of the Currency）《銀行通函第177號》（Banking Circular 177）要求銀行須備有「公司緊急應變計畫」（Corporate Contingency Planning），包括：異地服務提供與其測試的程序，並在四年後的修正版延伸到營運領域。1989年，《依加速資金可供利用法》（US Expedited Funds Availability Act）從法律面要求聯邦所屬銀行須提供隔天存款存取與營運持續的計畫。

在其他產業的推動上，美國《健康保險可攜式及責任法》（Health Insurance Portability and Accountability Act，簡稱 HIPAA，1996）法案與《電信法》（Telecommunications Act，1996）法案也強調IT災後復原的重要性，以便提供系統的可用性與客戶資料的保密。甚至，這類型的法案要求也擴及公共基礎建設與政府機關，如：美國政府的《行政命令 12656》（Executive Order 12656，1998）或預算管理局《編號A-130 號通告》（Circular A-130，1993）。

以美國為例，這階段主要在於金融、健康與政府立法為主。

第二階段、標準發展階段

本階段重點持續拓展第一階段成果至其他產業或國家。

在美國,「美國國家消防協會」(National Fire Protection Associa-
tion,NFPA)於1995年發表《災害管理手冊》(1600 Standard on Disas-
ter/Emergency Management and Business Continuity Programs),後續與
美國DRII機構(Disaster Recovery Institute International)與英國BCI
機構(Business Continuity Insitute)修定新版。2000年,「美國國家標
準協會」(American National Standards Institute)建議將NFPA 1600納
入美國的國家標準。

在英國,「特許公認會計師公會」(The Association of Chartered
Certified Accountants)於1999年出版《內控:董事指引之綜合性準則》
(Internal Control: Guidance for Directors on the Combined Code,或為
人熟知 Turnbull Report),針對在倫敦交易中心上市櫃公司或即將上市
櫃公司,將營運風險管理緊密結合公司治理。2000年,國防部發表的
《Joint Service Publication 503 – Business Continuity Management》,後來
成為英國BCI的BCM模型或英國標準(BS 25999)之濫觴。

接著,是單一國家的標準逐步發展成為全球性的標準。如英國
1995年資安標準《BS 7799 Part I 資訊技術—資訊安全管理實務準則》

（Information Technology – Code of Practice for Information Security Management）。1998年，英國公佈「資安標準」《BS 7799 Part II 資訊安全管理系統—需求規範與使用指導原則》（Information Security Management Systems – Specification with Guidance for Use）。這兩者差異為：BS 7799 Part I為完整的資安制度實行細則，BS 7799 Part II為資安管理系統之建置，並以「計畫—執行—檢查—行動」（簡稱 PDCA）作為改善之依據。2000年，BS 7799 Part I正式成為ISO 17799。2005年，BS 7799 Part II正式成為ISO 27001。2007年，ISO 17799變更為ISO 27002。此外，廣泛在亞洲使用的澳洲與紐西蘭風險管理標準（AZ/NZ 4360 Risk Management Standard），後來被ISO 31000《風險管理原則和指引》（Risk Management – Principles and Guidelines）標準取代。

在國內會計界頗負盛的「國際電腦稽核協會」（Information Systems Audit and Control Association，簡稱ISACA）於2005年發表《資訊及相關技術的控制目標》（Control Objectives for Information and Related Technology，COBIT）4.0標準，已經納入持續營運的概念。

第三階段、後911事件階段

911事件之前，全球大約有20個「企業營運持續規劃」的標準。

在911之後，大約超過33個標準被制定或擴充（Hiles，2007）。

在美國，911事件加速在金融、政府與基礎建設的立法或指導原則的推動與執行。尤其是在商業與科技產業，營運持續與災後復原成爲最小防衛之基礎。

亞洲國家也針對金融業提出自己的標準或指導原則。舉例來說，香港「金融管理局」（Hong Kong Monetary Authority）之《營運持續規劃》（TM-G-2：Business Continuity Planning，2002）、泰國銀行「Strategic Risk Manual: Risk Assessment and Information and Technology System Department」（2003）、新加坡「金融管理局」（Monetary Authority of Singapore）「Business Continuity Management Guidelines」（2003）、澳洲「金融監理局」（Australian Prudential Regulation Authority）「Business Continuity Management Standard」（2005）與「印度儲備銀行」（Reserve Bank of India）「Operational Risk Management – Business Continuity Planning Guidance）（2005）等。

ISO國際認證組織也接納更多國家的申請。以新加坡爲例，他們另一個針對服務業的營運持續標準，於2008年成爲ISO/IEC 24762標準《Security Techniques – Guidelines for Information and Communications Technology Disaster Recovery Services》主要貢獻者。

第四階段、國際化階段

當營運持續標準逐漸跨足到其他產業或走向國際化，通過標準驗證的組織越來越朝向競爭力發展。

正當標準逐漸蓬勃發展之際，標準之爭也浮現檯面。最有名的莫過於2008年美國DRII（1988年成立）與ASIS（American Society for Industrial Security，1955年成立）之爭辯。ASIS指出，DRII支持的NFPA1600並未包含ISO標準的PDCA模型，況且當時NFPA1600技術委員會並未邀請ASIS參加。當時DRII也非ANSI的認證單位，身為ANSI的認證單位ASIS只是循正常的ANSI標準提案管道，提出「Project Initiation Notification System」，公開徵集制定標準的專家。DRII反駁說NFPA1600已成為美國的標準，不需要再額外制定一套新的標準。後來，Sloan基金會邀集ASIS、DRII、NFPA與Risk and Insurance Management Society分析比較不同標準內容的差異，並強調現行美國的標準皆符合《TitleI Xof Public Law110-53 The Private Sector Preparedness Act Implementing Recommendations of the 9/11 Commission Act of 2007》。

國際組織也開始針對營運持續標準進行全面性的體檢。舉例來說，ISO/DIS 22399《Societal Security – Guidelines for Incident Preparedness and Operational Continuity Management》（2008）便是針對現有 ISO標準的不足，將五個國家標準整合，如：美國 NFPA 1600《Standard on Disaster Management and Business Continuity Programs》、英國 BS 25999《Business Continuity Management》、澳洲 BH 221《Business Continuity Management》、以色列 SI 24001《Security and Continuity Management Systems – Requirements and Guidance for Use》與日本工業標準。另外，針對資訊安全的主題，ISO國際認證組織在2007年統整爲ISO/IEC 27000系列，並逐步發展一系列的資訊安全標準。倘若包括正在審查中的新標準，目前已經超過30份資訊安全標準，涵蓋醫療與供應鏈等重要議題。

2012年，ISACA特別針對營運持續主題發表詳細的說帖，強調營運持續的重要性。

儘管災害事件已經事過境遷，正如Herbane教授所述，「沒有一個單一事件或法案明顯地貢獻當代的企業持續管理，歷史分析有助於追蹤重要的實務改變，在911恐怖攻擊事件後的省思所發展出的新資訊科技、立法與規定。」

6-3
韌性專案的知識體系

如前所述，災後復原的範疇、時間、成本、品質、安全與行政為影響復原專案的重要因素。不管是工安或資安之災害管理，「恢復災前的狀態」與「重建」難度不亞於一般工程的專案。產學的跨領域知識試圖解決這個複雜的難題，特別是從情境式管理實務、災後除污與資訊安全等著手。

跨界整合

在歷經911事件與卡翠娜颶風，美國學術界興起對「韌性」的研究。2002年初，薛飛（Yossi Sheffi）教授帶領麻省理工學院（MIT）供應鏈交流計畫產學成員，進行為期三年的研究，最後整理為《從危機中勝出：MIT的供應鏈風險管理學》。10年後，挪威研究委員會（Research Council of Norway）支持「災害文化」（Cultures of Disasters）的

研究。

其他產學合作的研究提案陸續的開花結果。2009年，在Pennsylvania Emergency Management Conference相遇的Joseph Trainor與Tony Subbio，促成2014年災害管理的出版。除了一併呈現學術界與實務界觀點，也將最新的管理領域，如：「意義建構」（Sensemaking），與災害科學管理領域共同對話。此外，智利礦場事故（2010）與日本福島核電廠海嘯（2011）也應用「意義建構」作為災害管理經典案例的理論架構。

就在2001年福島地震之後，日本東京大學工學院聯合發表《What Engineering should be after the Unprecedented Disaster》白皮書，提出日本學術界的省思。過去分科分系的基礎學科已無法滿足當今日本的社會需求。從整合型能源工程與都市規劃工程需從日本短、中、長期需求出發，並以福島地震為借鏡創造新的整合型學科：「**韌性工程**」（Resilience Engineering）。他們列舉「韌性工程」五大方向：「**韌性評估**」（Assessment of Resilience）、「**系統相依性**」（Interdependence among Systems）、「**決策支援**」（Decision-making Support）、「**平時韌性**」（Resilience during Normal Times）、「**社會應用**」（Application and Promotion to Society），以下簡要說明：

· **韌性評估**：韌性評估的準則與方法需將不同的價值觀與利益納

入考慮。有時在這個過程中，不見得達到社會利益之最佳化，最後仍需從整體的社會利益重審視。

· **系統相依性**：舉例來說，災後通訊系統的恢復須仰賴電力系統的復源。因此，災後計畫須反映各系統之間的相依性。

· **決策支援**：由於關鍵資訊對於重建復原至關重要，不同異質系統之間的資訊整合與交流將有助於災後重建的決策。這也屬於「韌性工程」一部分。

· **平時韌性**：除了在緊急時刻討論韌性，平日的系統運作也要考慮其效能、功能與穩健。

· **社會應用**：韌性須納入組織實務與架構中。

從資訊安全的趨勢，我國也開始跟上國際的整合潮流。根據科技部多年期《資通安全人才培育計畫》，設置國家級之「資通安全研究與教學中心」（TaiWan Information Security Center，TWISC）。北部中心由中央研究院及數所大學共同於台灣科技大學成立「資通安全研究與教學中心」（TWISC@NTUST）；中南部中心分別為交通大學「資通安全研究與教學中心」（TWISC@NCTU）與成功大學之「資通安全研究與教學中心」（TWISC@NCKU）。其中，TWISC@NTUST 主要研究領域為密碼理論與軟體安全，TWISC@NCTU 主要研究領域為無

線網路安全，TWISC@NCKU 主要研究領域爲系統安全。該計畫已規劃並實施新型態資安實務課程，內容包含：網路攻防，網站與網頁安全，進階持續性滲透攻擊（APT）分析，行動APP安全，資安監控中心（SOC），物聯網（IoT）安全，資安實務或實習等課程。

數位韌性領域也興起跨界整合。以資訊安全官爲例，以往所需的經驗涵蓋：系統弱點測試與入侵測試、遵循國際準下的資訊架構、網路基礎的資訊安全、合規監督與政策執行、發展資安實務、相關資安證照、專案管理技能、營運持續計畫、稽核與供應商管理之經驗，最後是法令的相關知識。這個職位過去的角色偏重於技術領域專業、分析、技術風險、個人貢獻、安全長、行政管理、組織管理；當今的角色則被賦予爲可信賴的顧問、協調與帶領、整體風險、整合性商業思考、風險長、策略、遠見（Kouns & Kouns，2011）。

因應資安2.0的整合趨勢，Gartner（2015）在《2020資安情境》（Cybersecurity Scenario 2020）強調將實體的「安全」納入「資訊安全管理系統」（ISMS）的重要性。根據ISO國際標準，ISMS強調資訊資產的「機密性」（Confidentiality）、「完整性」（Integrity）與「可用性」（Availability），一般簡稱CIA。但隨著數位與實體資產的界線越來越模糊，實體基礎設施日趨自動化與複雜化，安全控制也包含的網路IOT，伴隨而來的潛在性資安危脅。因此，Gartner倡議在CIA之

外，加入實體的「安全」（Safety）納入「資訊安全管理系統」，成爲
CIAS。

復原實務

災後復原專案的執行需要跨領域的產業知識與技能。以下列舉美
國RIA協會（Restoration Industry Association）整理的復原工程所需的
技術與技能：

- ·黴菌整治背景與歷史：黴菌整治已發展成爲專業的產業，包
  括：室內空氣品質監測、水侵／浸復原、工業衛生、醫療研究
  或相關的法規。這類專案牽涉到特殊的專案規劃、特殊的「個
  人防護設備」（PPE）、技術性防護與品管控制。
- ·生物污染：許多生物污染出現在黴菌整治的環境中，造成健康
  上考量如生物的「揮發性有機化合物」（VOCs）、過敏原或黴
  菌毒素。
- ·危害健康的眞菌環境：了解基本的解剖學，特別呼吸器官。也
  要了解黴菌造成的短期或長期的毒性或過敏反應。可能的黴菌
  整治方法。
- ·產業的標準：了解現階段黴菌整治的產業標準。

・採樣的基礎：介紹黴菌樣本的採集方法。

・風險評估：判定三種主要黴菌整治的危害，如物理性、化學性或生物性。採用「低至盡可能可達成的」（As Low As Reasonably Achievable）方法，以便將理論觀念應用在真實的環境中。

・整治的設備與供應：基本的設備功能與操作參數，如有HEPA濾網的吸塵器、壓力偵測。

・工程控制：熟悉不同的黴菌整治之區域隔離。採用適當的除污槽以便避免交叉污染。

・整治工具的實例：將不同環境或材質予以分類，如被黴菌污染的乾牆、天花板磁磚、樑柱、地毯等。

・黴菌整治的化學品使用：了解化學品的專有名詞，以及不同化學品的限制。

・整治之後的活動：確認內部或外部評估專案成功的評估。

・專案管理技巧：執行適當的專案管理技巧。注意專案的範疇、時程與成本的限制。重視效率與成果。

・保證與保險的考量：基本的法律與保險。確認影響專案保證的主要因素。

・配戴個人防護設備以降低風險：符合美國「職業安全和健康管理局」（Occupational Safety and Health Administration，OSHA）規

定。選擇適當的個人防護設備。

· 一般性安全與健康的顧慮：注意一般性的安全問題，如：用電安全、梯子與鷹架、跌倒或滑倒。在專案場所的緊急事件或風險評估，確認安全或健康危害因子。

以上的災後復原的知識體系偏向於水患住宅的復原。從國內常見的高科技設備與設施復原，牽涉到拆機、除污與裝機，以便完全將設備內的電路板、隙縫或死角徹底除污。因此，這個領域須累積機械、化學與電機等跨領域的整合經驗。這個行業有個順口溜：「一年不犯錯，三年才上手」。

從保險理賠的角度，災後理賠作業輔助人包含：保險公證人、災後復原公司、鑑定公司（如：災因鑑定、土木、結構等技師）、殘值商、律師與會計師。如前所述，保險公證人工作範疇主要有：查勘、鑑定、估價、理算與洽商；災因鑑定的專業知識可從事故安全調查法著手。上述的專業經驗可參考前面章節的內容。

後記與致謝

2016年，我的摔傷造成左側膝蓋附近挫傷。幸好，這次摔傷沒有傷及骨頭與十字韌帶，算是不幸中的大幸。看似無大傷，但已經傷及筋絡。坐進計程車時，緩慢而微小的挪動，都避免不了無來由的疼痛。即便就寢休息，每次翻身壓迫大腿疼痛的穴位，就像是「十次入睡九次醒」。

除了修復身體之外，如何回到正常工作與生活？幸好中醫師在第一時間借我助行器，跨越城市建物各種階梯。但是，四腳支撐的助行器，行走起來非常費力。儘管助行器輔助雙腳的支撐，但扶著助行器的雙手支撐全身的重量，造成肩膀異常痠痛。每天跨越洗手間的樓板高度，就像每次爬山那樣的費勁。就在第五天，終於可以用雨傘代替助行器練習行走，確認不久可以恢復工作。一個月後，身體才逐漸回復自由行動的狀態。

在進行兩年針灸與推拿治療時，躺在診療床、兩眼直視天花板。有時疼痛交錯，腦中一片空白。除了責難自己不小心，靈光乍現出現

內心的聲音：針對這次意外，我學到什麼教訓？我的「體會」（Take-Aways）又是什麼？

與其疼痛成為我每天的注意力，倒不如將注意力移轉到新的思緒：在遇到意外傷害後，自主獨立的移動為個人重要的韌性力。那麼，什麼是受災組織的韌性力呢？

這就是當初進行本書的初衷。感謝你打開這本書，和我共同經歷這場組織韌性之旅。在旅程結束之前，仍然要去面對內部特定的難題與挑戰，以下歸納我從客戶學習的心得。

老舊系統

組織就像人，也會面對生老病死的問題。組織的歷史悠久的老舊系統（Legacy），就像是身體的舊傷一樣，通常是最脆弱的地方。常見的老舊系統，如：Windows XP、Vista 與 Windows Server 2003 等，微軟已宣布不再提供修補程式更新服務。由於 2017 年勒索軟體造成用戶災情慘重，微軟破例提供修補程式。

在最近接連重大資安事件發生之後，潛藏在組織內老舊系統的風險一一被檢討。一旦要將老舊系統升級，高階主管需評估其投資效益：到底這項投資報酬為何？到底整體的系統採購預算應占多少年度

營業額比重？即使主管同意編列預算、逐年升級，但有些供應商被購併或消失，可能一下子找不到替代性的設備。如果系統無法全面升級，該如何移轉其尚未更新的風險？

　　上述提到的是資訊科技（IT）的老舊系統。智慧型設備內仍有許多電腦功能的「營運科技」（Operational Technology，OT）也存在這樣的風險。這些設備常見於廠務、電力、安控部門，如：「資料蒐集與監控系統」（Supervisory Control and Data Acquisition，SCADA）、「工業控制系統」（Industrial Control System，ICS）等。

觀念拔河

　　沒有經歷災害組織是無法體會災害管理的功課。

　　由於「家醜不可外揚」，組織的災害成為不可說的秘密。由於缺乏災害處理的實務經驗，臨危受命的應變小組僅能從排山倒海的問題中被動因應。在大型災害的案例中，災害的類型不會是單一的，伴隨而來的是複合型的影響。以美國911事件為例，恐怖攻擊造成紐約雙子星大樓應聲倒塌。瞞天蓋地的金屬塵爆席捲商業大樓數以萬計的電腦。大樓停電造成資訊與聯絡中斷，上千台受污染的電腦必須徒手背出災區迅速復原。這段時間，所有的業務一片混亂、完全停擺。

在災前準備上，資安人員面對組織內部資源不足的窘境。根據IDC（2017）調查，35%受訪的高階主管對於資安風險並無因應策略。在這樣的情況之下，IDC副總Simon Piff先生描述資安人員的兩難。一方面需面對CEO每天的問題：我們公司有資安問題嗎？另一方面，可能在等公司被駭之後，IT人員才能爭取更多的資安預算。

在這種兩難的情況，從業人員很難保證組織的系統100%安全；但又受限於媒體報導的資訊，很難一窺關鍵議題的全貌。本書希望以「知易行易」管理語言，將許多研究成果與技術經驗化爲「常識」。高階主管也可瞭解國際最佳實務的最新趨勢，工安或資安從業人員可以用管理語言和主管討論。

APEC爲驅動力

2014年起，我參與由台灣倡議之APEC（Asia-Pacific Economic Cooperation）「企業營運持續規劃」（Business Continuity Planning，簡稱BCP）專案計畫。從擔任主題對談（Panelist）到工作坊帶領（Facilitator），我從各國學員互動過程中不斷地思索：

・如何設計引人入勝的課程與活動？

・如何以故事情境帶領學員重返事故現場？

‧如何引發組織管理者事故發生前的「認知」（Awareness）？

‧如何用淺顯易懂的管理語言解釋具技術內涵的風險管理？

‧如何結合國外最新的趨勢與亞洲地區在地的需求？

2017年，APEC專案計畫焦點從BCP擴大至「數位韌性」（Digital Resilience）。到底這個崛起的倡議和過去的BCP倡議有何差異？

為了解答心中的疑問，我開始進行國內外媒體、書籍與論文的研究與整理，孕育這本書的前半段。因為APEC計畫，重新連結國際資安證照與趨勢科技客戶創新研究的記憶。2004年，我隨著第一批國內政府與國營事業專業人員的資安國際認證（BS7799）培訓。之後，也在國際防毒軟體公司進行產業資安案例研究。十年後，我有幸累積災後復原產業的實務經驗，並在APEC兩階段BCP計畫結合「工安」與「資安」。

跨界思考

從過去工作與專案的經驗中，有機會跨足「工安」（Safety）與「資安」（Security）兩個截然不同的風險管理領域。前者屬於勞工安全衛生環保部門的業務範疇，後者屬於資訊部門的業務範疇。面對智慧

製造的年代，資訊科技結合營運科技提升經營管理的效率，這也意味著「工安」與「資安」將高度整合。

然而，現狀並非如此。在長期殺價競爭的壓力下，企業不斷壓低風險管理的支出。受限於經驗、技術與理論，風險與災害管理領域很難站在巨人的肩膀上往前突破。倘若韌性管理為永續經營競爭力，也是國際市場殺價競爭的活路，我們風險與災害管理思維要更上一層樓。

眞誠感謝

這是一個旅程，不僅是我個人的旅程，也是開創韌性組織能力的新旅程。沒有你的支持，這個旅程僅是我的個人經驗，無法延續擴散到需要的人身上。

1993年第一本書出版以來，已經過了21年。這是我的第八本書，寫這本書的時候，回到出版第一本書的初衷：拋磚引玉，跨界溝通。

這本書的誕生比我想像的充滿更多的挑戰。災害管理領域存在許多管理上盤根錯節的議題，以及外界因不瞭解而產生的「誤解」。當我一邊為每篇文章發展獨立的觀念時，另一邊也在彙整這個領域的管理議題。每個觀念希望是兼具實務性的議題，並交叉驗證以國內外的研究文獻的成果。

如前所述，我希望讀者在理解本書的內容時，可以「自己自足」（Self-contained）。相較於研究論文，彭明輝先生強調精心組織的書籍具備以下特性：「書本的材料被極端有秩序地組織過，由淺入深，鋪陳過程力求清晰、流暢、易讀，而不會在推理或論述時有太大的跳躍……以前沒學過的術語、觀念和定理，都會在第一次出現時被清楚地定義與解說，讀者不需要再去找額外的補充資料來協助閱讀。」在化繁爲簡或章節連貫不見得通順流暢，請多海涵。

　　首先，我感謝出版社願意開創新局，引領這個關鍵議題的對話與討論。相較於2001年，出版社的經營比以前更爲挑戰與艱鉅。儘管這個議題並非像投資理財、人工智慧、文化創意或是其他商業話題熱門，但面對閱讀的未來仍有所堅持。

　　我也要感謝我的前主管和同事。他們給了我尊重與自由，引導我熟悉產險的新領域。他們在2017年首次推動台灣大學校園實習生計畫，第一年主題就是資訊安全。我們以新進人員訓練的方式，帶領學生共同學習成長。其中一個導師說，我把你們當作是我的孩子教你們。

　　此外，我要感謝過去的合作夥伴。有幸與這個行業的專家與菁英共事。爲了協助客戶儘速恢復營運，我們與合作夥伴在災害現場同甘苦，共患難。有時結案過程長達一年以上，我們絞盡腦汁，費盡心思

找出業界可能的解答。

回想我剛踏入這一行時，許多貴人的專業經驗與工作態度成就我的學習，也促使這本書的完成。他們行事低調，在此僅列舉提攜者的英文名（以下按照字母排序。如有疏漏，敬請海涵）：

共同交流學習同事們：Adam、Alexander、Alvin、Andy、Baron、Calvin、Ching-I、Chris、David、Ernest、Ethan、Garfield、Hyde、John、Johnson、Joyce、Jova、Kate、Leonia、Max、Maggie、Partick、PeiHwa、Richard、Sabrina、Steven、Shawn、Tina、Tony、Thomas、Vic、Ying、Zita

趨勢科技：Alan、Amy、Beck、Bob、Fion、Ivan、Joseph、Peter

TXOne：Frank、Joy、Louis、Minghui、Steven、Terrence

根寧瀚保險公證人：Anthony、Kenneth、Liou、Nick、Swing

嘉福湯馬遜保險公證人：Joanna、Leo、Zakky

麥理倫保險公證人：YS Tsai

南山公證：Josh、Su

華信保險公證人：ChinYu、Macro、WenChen

允揚保險公證人：Kevin

工研院：Ares

財團法人安衛中心：Yu

台積電：Calvin、Eddie、Hsu、James、Lydia、Leon、Larry、Middle

世界先進：Bruce、Cheng-Chang、Grace

聯電：CS Chang、Emily、Jack、Roger、Terrence

日月光：Jekyll

佳世達：Danny、Frank、Green、Irene、Lydian、James、JY Sung、Mark、Peter、ShuHui、Vivian

友達：Benjamin、JC、Jason、Kim、Mark、Matt、Wells

旺宏電子：Alex、Colin、Catherine、Eric、Jacky、Michael、Omar、Scott、TY

南亞：Jiayang、Yu

鴻海：Bill、Bob、Cinsia、Jacky、Leo、Mano、Max、Ryan、Yu Chia

佳能企業：Jackie

啓碁：Jordan、James

台達電：Anderson、Tian

華邦：SP Wu

宏碁：Connie、Henry、Jade、Meggy、Riggy、Steve

英業達：Jacky

工業技術研究院緊急應變諮詢中心：Luke

工業技術研究院化災應變技術研究室：Van

聯合信用卡處理中心：Sherry

BELFOR Taiwan：Adrian、Irene、Roy、Sam、Vincent、Yang

HITCON：Mars

ISA Taipei Chapter：SZ Lin

ISC2 Taipei Chapter：Alex、Jason、Jackie、Ray、RuRu、Sam、Vincent、Wolf

Moxa：Karen、Kevin

KPMG Taiwan：David、Lin

SEMI Taiwan：Cher、Dean、Jo-ann Su、Terry

TechKnowledge Services Group：Philip

SCRUM：Elly、Roger、Rob、2023敏捷CEO大獎評審、得獎者與RSG 2024顧問團與志工們

元智大學團隊：Jimmy、Sonic、Zoe

資安長高階領導班師長與同學

視覺影像：@AndrewHuangTaiwan

　　除了前長官、同事與客戶之外，提攜者還包括合作的同業與競爭者。由於他們也不斷求新求變，讓我在這個領域不斷地自我鞭策。

這本書的反思基礎來自於學校師生的薰陶。首先，本書的緣分始於政治大學科技管理研究所的學習。在執行趨勢科技客戶洞察專案，蕭瑞麟老師半夜兩三點孜孜不倦，和我討論當天我在客戶簡報的內容。當時的我愛睏、又限縮於自己的思考，十年之後才知道那是最珍貴的一刻。

在我2007-2008年執行國科會哈佛個案教學時，也向跨校跨系教授與同儕學習。台灣大學李吉仁老師與政治大學于卓明老師的教學風範仍讓我一再回味。難得可貴，當年國科會專案共學研究生吳相勳先生，現在是鼎鼎大名元智大學教授，仍持續推廣台灣高階主管哈佛個案教學。十五年後（2024），在《哈佛商業評論》全球繁體中文版共同發表資安短個案，如同易經或西方心理學大師容格先生強調的「共時性」。

最後要感謝我的家人，無數假日陪我在家趕稿。有時我缺乏靈感、陷入苦思，他們不打擾我沉思與發呆的時間。有時寫作遇到撞牆期，多虧他們的體諒我的心情。還有我的爸媽與岳父母，這段時間較少在身旁陪伴他們。

這個領域有太多跨領域的理論技術、實務經驗、管理竅門與經典案例。我能力有限，「弱水三千，只取一瓢飲」。謝謝你們，帶領我翻越一座又一座的「山丘」。

最後，就以博客來網路書店上「閱讀最前線」（Readoo）欄目的一段話與你共享：「日本第一書評家（土井英司先生）讀書心法之一：商業書，實在沒必要整本都看完。和小說不同，商業書只要有一個小地方對讀者有幫助，其他全都派不上用場也沒關係。」

如果本書內容中有那麼一句話、一段故事能夠打動你，我也就心滿意足了！

參考資料

｜中文｜

- APEC (2014). 中小企業持續營運教戰手冊（詳版）。 取自 https://www.apecsc-mc.org/files/20140528BCPBrochure（中文詳版）_瀏覽.pdf
- APEC (2014). 中小企業持續營運教戰手冊（簡版）。 取自 https://www.apecsc-mc.org/files/20140501BCPBrochure（中文簡版）_瀏覽.pdf
- ETNEWS（2014）。「火燒厝」該帶什麼走？各種「奇葩物品」紛紛出爐。取自 https://www.ettoday.net/news/20141130/432794.htm。
- iThome（2017）。WannaCry 進化為蠕蟲，勒索軟體殺傷力大增。取自 http://www.ithome.com.tw/news/114312。
- Trend Labs 趨勢科技全球技術支援與研發中心（2015）。沒有應用程式有漏洞？現在如何？取自 http://blog.trendmicro.com.tw/?p=11639。
- Trend Labs 趨勢科技全球技術支援與研發中心（2015）。勒索軟體：恐嚇取財手法十年進化史。取自 https://blog.trendmicro.com.tw/?p=12957。
- 不重視安全的公司，領導都是這樣的。取自 http://mp.weixin.qq.com/s/YyW-P1BtgQuXqztjI9TbtuA。
- 中央大學環工所（2010）。意外事故調查指引(Part 1)。 取自 https://www.

sh168.org.tw/toshms/Data/意外事故調查指引.pdf

- 中華經濟研究院（2024）。2024年臺灣總體經濟預測。2024年經濟展望論壇簡報。

- 王明鉅（2017）。氧氣與電力－醫院不可或缺的生命線！取自 https://health. businessweekly.com.tw/AArticlePrint.aspx?id=ARTL000095418

- 百善（譯）（2005）。閔茲伯格談管理：探索組織世界的奧秘。（原作者：Henry Mintzberg）。中和市：百善書房。

- 行政院主計總處（2016）。行業標準分類。取自 http：//www.stat.gov.tw。

- 吳明璋（2019）。營運持續為數位韌性之本。工商時報。https://ynews.page. link/wzmt。

- 吳明璋（2020）。韌性為疫後的核心競爭力。工商時報。https://www.china-times.com/newspapers/20210107000215-260209。

- 吳明璋（2020）。韌性為組織回聲定位的生存力。工商時報。https://www.chi-natimes.com/newspapers/20201103000864-260209。

- 吳明璋（2021）。都是懶人密碼惹的禍。彭博商業周刊中文版。https://www. bbwc.cn/article/2021/03/31/100101520_1.html。

- 吳明璋（2021）。當勒索軟體成為犯罪集團取款機。彭博商業周刊中文版。https://www.bbwc.cn/article/2021/04/23/100102313_1.html。

- 吳明璋（2022）。老舊系統不是IT問題而是資安折舊問題。彭博商業周刊中文版。https://www.bbwc.cn/article/2022/02/11/100109941_1.html 。

- 吳明璋（2022）。當資安標準遇到管理。CIO IT經理人。https://cio.com.tw/ when-security-standards-experience-management/。

- 吳明璋（2024）。ISC2 最新資安六大焦點趨勢。CIO IT經理人。https://www. cio.com.tw/isc2-top-six-focus-trend/。

- 吳家恆（譯）（2009）。從危機中勝出：MIT的供應鏈風險管理學（原作者：

Yossi Sheffi)。台北市：遠流。

- 林金榜（譯）（2006）。明茲伯格策略管理（原作者：H. Mintzberg, J. Lampel, & B. Ahlstrand）。臺北市：商周出版。

- 林俊宏（譯）（2016）。未來的犯罪。（原作者：M. Goodman）。台北市：木馬文化。

- 林慧貞（2017）。大雨年年破紀錄，「短延時強降雨」時代來臨。取自https://www.agriharvest.tw/theme_data.php?theme=article&sub_theme=article&id=728。

- 法齊亞・拉希德、艾美・艾蒙森、赫曼・李奧納（2015）。智利礦場的領導課。載於許瑞宋等（譯）（2015）。哈佛教你發揮救災領導力：因應無法預知的災變，可以預備的組織動員大能力。（原作者：Amy C. Edmondson）。（頁18-42）。台北市：哈佛商業評論全球繁體中文版。

- 穿越和平。臺北市：公共電視。取自 http://viewpoint.pts.org.tw/ptsdoc_video/穿越和平/。

- 范堯寬、劉格安（譯）（2017）。經濟學人104個大解惑：從紙鈔面額、廣告祕辛，到航空公司如何節省成本的全面揭密（原作者：湯姆・斯丹迪奇 Tom Standage）。臺北市：商周出版社。

- 陳重亨（譯）（2015）。覺察力（原作者：貝澤曼Max Bazerman）。臺北市：聯經。

- 陳碩甫（2009）。災害防救開口契約之研究。內政部消防署委託研究報告。取自http://pheoc.phfd.gov.tw/upload/news/18842010-03-11file1.doc。

- 陳曉莉（2016）。研究：半年前的Office漏洞仍備受APT攻擊青睞。iThome。取自 http://www.ithome.com.tw/news/106223。

- 黃彥棻（2017）。真正給權，銀行資安才夠力。iThome Security 2017 台灣資安大會特刊。IThome。

- 新台灣新聞週刊（2005）。 玩金的 線上遊戲犯罪淵藪。取自http://www.newtaiwan.com.tw/bulletinview.jsp?bulletinid=23165。

- 資訊傳真周刊（2007）。資訊竊取威脅驚人 兩年擴散逾五倍。取自 http://cpro. com.tw/channel/news/content/?news_id=54662。
- 廖月娟（譯）（2017）。灰犀牛（原作者：Michele Wucker）。臺北市：遠見天下文化。
- 劉格安（譯）（2016）。弱者的生存策略（原作者：稻垣榮洋）。臺北市：木馬文化。
- 鄭金龍。（2004）。美加大停電事故調查期末報告。台灣電力公司。取自 https://gordoncheng2.files.wordpress.com/2013/08/93-5-10e7be8ee58aa0e5a4a7e-5819ce99bbbe69c9fe69cabe5a0b1e5918ae69198e8a681_e5a4a7e69c83e5a0b1. pdf。
- 穆思婕（譯）（2008）。透視危機（原作者：貝澤曼、華金斯Max Bazerman & Michael Watkins）。臺北市：中國生產力中心。
- 聯合新聞網（2017）。天堂全盛時期有多誇張？賣裝備這樣就能致富！取自 https://oops.udn.com/oops/story/6698/2478109。
- 藍傑‧古拉地、查爾斯‧卡斯托、夏綠蒂‧克羅帝里斯（2015）。挺過核災的領導力。載於許瑞宋等（譯）（2015）。哈佛教你發揮救災領導力：因應無法預知的災變，可以預備的組織動員大能力。（原作者：Amy C. Edmondson）。（頁44-60）。台北市：哈佛商業評論全球繁體中文版。

｜英文｜

- A Failure of Initiative: The Final Report of the Select Bipartisan Committee to Investigate the Preparation for and Response to Hurricane Katrina. 2007. Retrieved from http://www.gpo.gov/fdsys/pkg/CRPT-109hrpt377/pdf/CRPT-109hrpt377. pdf.

- Akamai (2016). Q3 2016 State of the Internet Security Report. Retrieved from https://www.akamai.com/us/en/multimedia/documents/state-of-the-internet/q3-2016-state-of-the-internet-security-report.pdf.

- Boland, B. (2016). M-Trends 2016: Asia Pacific Edition. FireEye. Retrieved from https://www2.fireeye.com/m-trends-2016-asia-pacific.html.

- Brooks, C. (2011). 10 Years Later, Small Businesses Tell Tales of 9/11 Recovery. Retrieved from http://www.businessnewsdaily.com/1428-recovering-september-11-terrorist-attack.html.

- Brown, S.I., & Walter, M.I. (1990). The Art of Problem Posing. Psychology Press.

- Cabinet Office National Security and Intelligence. (2013). Emergency Planning and Preparedness: Exercises and Training. Retrieved from https://www.gov.uk/guidance/emergency-planning-and-preparedness-exercises-and-training.

- Cabinet Office. (2006). The Exercise Planners Guide. Retrieved from https://www.gov.uk/government/publications/the-exercise-planners-guide.

- CESG, Cabinet Office, Centre for the Protection of National Infrastructure, and Department for Business Innovation & Skills (2012). 10 Steps to Cyber Security. Retrieved from https://www.gov.uk/government/publications/cyber-risk-management-a-board-level-responsibility/10-steps-summary.

- Chambers, J. (2015). What does the Internet of Everything mean for security? Retrieved from https://www.weforum.org/agenda/2015/01/companies-fighting-cyber-crime/.

- Chirgwin, R. (2017). Oops! 185,000 Plus Wi-Fi Cameras on the Web with Insecure Admin Panels. The Register. Retrieved from https://www.theregister.

co.uk/2017/03/09/185000_wifi_cameras_naked_on_net/.

- CISCO. (2014). Addressing the Full Attack Continuum. Retrieved from https://www.cisco.com/c/en/us/products/collateral/security/whitepaper_c11-733368.html

- CNN. (2006). Report: Katrina Response a 'Failure of Leadership'. Retrieved from http://www.cnn.com/2006/POLITICS/02/13/katrina.congress/index.html.

- Comfort, L. K., Boin, A., & Demchak, C. C. (Ed.).(2010). Designing Resilience: Preparing for Extreme Events. University of Pittsburgh Press.

- Computers That Run Themselves. (2002, September). The Econmist. Retrieved from http://www.economist.com/node/1324660.

- Coutu, D. (2002, May). How Resilience Works. Harvard Business Review. Retrieved from https://hbr.org/2002/05/how-resilience-works.

- DALESIO, E. P.(2017). Take Down: Hackers looking to shut down factories for pay. Retrieved from https://apnews.com/e316bd63f21a4fd181b3fb4a8dd7a5ba.

- Department of Homeland Security (2010). Quadrennial Homeland Security Review Report. Retrieved from http://www.dhs.gov/quadrennial-homeland-security-review.

- Department of Homeland Security. Cybersecurity Questions for CEOs. Retrieved from https://www.dhs.gov/sites/default/files/publications/Cybersecurity%20Questions%20for%20CEOs_0.pdf.

- Dillon, R.L., Tinsley, C.H., & Cronin, M.A. (2012). How Near-Miss Events Amplify or Attenuate Risky Decision Making. Management Science. Articles in Advance, 1-18.

- Disaster Purchasing FAQs. Retrieved from https://www.gsa.gov/portal/content/202557

- Dow Corning Corporation. Dow Corning and Business Continuity Planning. Retrieved from https://www.dowcorning.com/Content/about/businesscontinuityplanninginformation.pdf.

- Dynes, R. R. (1982). Problems in Emergency Planning. In Horwich, George. (Ed). Energy Use in Transportation Contingency Planning. Proceedings of Workshop, 653-660.

- Ekstrom, A. & Kverndokk, K. (2015). Introduction: Cultures of Disaster. Culture Unbound, 7: 356-362. Retrieved from http://www.cul-tureunbound.ep.liu.se.

- Elliot, S. (2014). DevOps and the Cost of Downtime: Fortune 1000 Best Practice Metrics Quantified. IDC. Retrieved from https://www.idc.com/getdoc.jsp?containerId=253155.

- Elliott, D., Swartz, E. & Herbane, B.（2002). Business Continuity Management: A Crisis Management Approach. London, England: Routleddge.

- Fox-IT. (2015). Game over ZeuS: Backgrounds on the Badguys and the Backend. Retrieved from https://www.fox-it.com/en/insights/paper/global-cybersecurity-leader-fox-us-security-company-crowdstrike-collaboration-fbi-demystify-gameover-zeus-uncover-unexpected-new-facts/.

- Gartner (2014). Designing an Adaptive Security Architecture for Protection From Advanced Attacks. Retrieved from https://www.gartner.com/doc/2665515/designing-adaptive-security-architecture-protection.

- Gartner (2015). Cybersecurity Scenario 2020. Retrieved from https://www.gartner.com/doc/3097027/cybersecurity-scenario--phase-.

- Gartner (2017).Gartner Says Detection and Response is Top Security Priority for Organizations in 2017. Retrieved from https://www.gartner.com/en/newsroom/press-releases/2017-03-14-gartner-says-detection-and-response-is-top-security-priority-for-organizations-in-2017.

- Gartner (2020). Gartner Predicts 75% of CEOs Will be Personally Liable for Cyber-Physical Security Incidents by 2024. Retrieved from https://www.gartner.com/ en/newsroom/press-releases/2020-09-01-gartner-predicts-75--of-ceos-will-be-per-sonally-liabl.

- Hennesy, J., & Patterson, D. (2011). Computer Architecture: A Quantitative Ap-proach. (5th ed.). Waltham, WA: Morgan Kaufmann.

- Herbane, B. (2010). The Evolution of Business Continuity Management: A Histori-cal Review of Practices and Drivers. Business History, 52, 6, 978-1002.

- Herbane, B. (2016). A Business Continuity Perspective on Organisational Resilience. from IRGC. Resource Guide on Resilience. Lausanne: EPFL International Risk Governance Center.

- Hiles, A. (Ed.).(2011). The Definitive Handbook of Business Continuity Manage-ment. Hoboken, NJ: John Wiley & Sons.

- Hollnagel, E., Leonhardt, J., Licu, T., & Shorrock, S. (2013). From Safety I to Safety II. Retrieved from http://www.eurocontrol.int/news/safety-focus-what-goes-right.

- IDC (2017). Stop Thinking IT Security-Think Business Risk! CLOUDSEC 2017 Conference.

- ISO Survey. Retrieved from https://www.iso.org/the-iso-survey.html.

- Knight, R. F., & Pretty, D. J. (1996). The Impact of Catastrophes on Sharehold-er Value. Retrieved from https://www.iei.liu.se/program/ekprog/civilek_internt/ ar_4/722a20/filarkiv_m20/1.117874/Uppsatsfrslag5VT2010-CrisisMgmtrappor-tOxfordUniversity.pdf

- Kofman, F. (2006). Foreward. Peter Senge, Conscious Business: How to Build Value through Values (p. Xi). Boulder: Sounds Tree.

- KPMG. (2016). CRO Forum Concept Paper on a Proposed Categorisation Meth-odology for Cyber Risk.

- Kreps, G. A., & Bosworth, S. L. (2006). Organizational Adaptation to Disaster. In H. Rodriguez, E. L. Quarantelli, & R. R. Dynes. (Eds.), Handbook of Disaster Research (pp. 297-315). New York, NT: Springer.

- Lerner, A. (2009). The Cost of Downtime. Retrieved from

- http://blogs.gartner.com/andrew-lerner/2014/07/16/the-cost-of-downtime/.

- Lewis, L., Weinland, D., & Peel, M. (2016). Asia Hacking: Cashing in on Cyber Crime. Financial Times. Retrieved from https://www.ft.com/content/38e49534-57bb-11e6-9f70-badea1b336d4.

- Linnenluecke, M (2017). Resilience in Business and Management Research: A Review of Influential Publications and A Research Agenda. International Journal of Management Reviews 19,4:4-30.

- McEntire, D. A., Boudrot, D., & Webb, G (2014). Planning and Improvisation in Emergency Management. In Trainor, J. E. & Subbio, T. (Eds.). Critical Issues in Disaster Science and Management: A Dialogue Between Researchers and Practitioners. Retrieved from https://training.fema.gov/hiedu/docs/critical-issues-in-disaster-science-and-management.pdf.

- Morgan Stanley. Business Continuity Planning Information. Retrieved from http://www.morganstanley.com/wealth/investmentsolutions/pdfs/bus_cont_planning.pdf.

- Moynihan, D. P. (2008). Combining Structural Forms in the Search for

- Policy Tools: Incident Command Systems in U.S. Crisis Management. Governance: An International Journal of Policy, Administration, and Institutions. 21,2: 205-229.

- Mukherjee. A. S. (2008). The Fire That Changed an Industry: A Case Study on Thriving in a Networked World. Retrieved from

- http://www.ftpress.com/articles/article.aspx?p=1244469.

- National Cyber Security Alliance. (2012). Small Business Online Security Info-

graphic. Retrieved from https://staysafeonline.org/stay-safe-online/resources/
small-business-online-security-infographic.

- OECD. (2014). Strategic Crisis Management Exercises: Challenges and De-
sign Tools. Retrieved from http://www.oecd-ilibrary.org/governance/the-chang-
ing-face-of-strategic-crisis-management/strategic-crisis-management-exercis-
es-challenges-and-design-tools_9789264249127-7-en.

- Philips Annual Report 2000, Management Report. Retrieved from https://www.
philips.com/.

- Ponemon (2015). 2015 Global Megatrends in Cybersecurity. Retrieved from http://
www.raytheon.com/news/rtnwcm/groups/gallery/documents/content/rtn_233811.
pdf.

- Press Association. (2017). British Airways IT Failure Caused by 'Uncontrolled Re-
turn of Power'. The Guardian. Retrieved from

- https://www.theguardian.com/business/2017/may/31/ba-it-shutdown-caused-by-
uncontrolled-return-of-power-after-outage.

- Quarantelli, E.L. (1988). Disaster Crisis Management: A Summary of Research
Findings. Journal of Management Studies, 25, 4, 373–385.

- Rapp, R. R. (2011). Disaster Recovery Project Management: Bringing Order from
Chaos. West Lafayette, IN: Purdue University Press.

- Rasmussen, J., & Svedung, I. (2000). Proactive Risk Management in a Dynamic
Society. Swedish Rescue Services Agency. Retrieved from https://rib.msb.se/filer/
pdf/16252.pdf.

- Ray-Bennett, N.S., Masys, A., Shiroshita, H., Jackson, P. (2014). Hyper-Risks in a
Hyper-Connected World: A Call for Critical Reflective Response to Develop Or-
ganisational Resilience. UNISDR. Retrieved from http://www.preventionweb.net/

english/hyogo/gar/2015/en/bgdocs/Ray-Bennett%20et%20al.,%202014.pdf

- Reckard, E. S. & Hsu, T. (2014). Small Businesses at High Risk for Data Break. Los Angeles Times. Retrieved from http://www.latimes.com/business/la-fi-small-data-breaches-20140705-story.html.

- Restoration Industry Association. Retrieved from https://www.restorationindustry.org/.

- Riley, M., Elgin, B., Lawrence, D., & Matlack, C. (2014). Missed Alarms and 40 Million Stolen Credit Card Numbers: How Target Blew It. Bloomberg. Retrieved from https://www.bloomberg.com/news/articles/2014-03-13/target-missed-warnings-in-epic-hack-of-credit-card-data.

- Rubin, C. B. (1985). The Community Recovery Process in the United States: After a Major Natural Disaster. International Journal of Mass Emergencies and Disasters. Retrieved from http://www.ijmed.org/articles/197/download/.

- S & L Government Pricing Schedule (2008). State of OHIO Department of Administrative Service. , General Services Division Office of Procurement Services. Retrieved from https://procure.ohio.gov//RevisedContract/4463201008_RC.pdf.

- Shen, L. (2016). Southwest Airlines' Delays Will Cost Millions. Fortune. Retrieved from http://fortune.com/2016/08/11/southwest-airlines-delays-will-cost-millions/.

- Snedaker, S. & Rima, C. (2014). Business Continuity and Disaster Recovery Planning for IT Professionals. (2nd ed.). Waltham, WA: Syngress.

- Spotify Engineering Culture part 1. Retrieved from https://engineering.atspotify.com/2014/03/spotify-engineering-culture-part-1/.

- Spotify Engineering Culture part 2. Retrieved from https://engineering.atspotify.com/2014/09/spotify-engineering-culture-part-2/.

- Takada, T. (2011). What Engineering should be after the Unprecedented Disaster.

WG for Emergency Engineering Vision, Scholl of Engineering, University of Tokyo.

- Target. (2013). Target Confirms Unauthorized Access to Payment Card Data in U.S. Stores. Retrieved from http://pressroom.target.com/news/target-confirms-unauthorized-access-to-payment-card-data-in-u-s-stores.

- The Burning House. Retrieved from http://theburninghouse.com/.

- U.S.-Canada Power System Outage Task Force. (2004). Final Report on the August 14, 2003 Blackout in the United States and Canada: Causes and Recommendations. Retrieved from https://energy.gov/sites/prod/files/oeprod/DocumentsandMedia/BlackoutFinal-Web.pdf.

- Weick, K. E. (1993). The Collapse of Sensemaking in Organizations: The Mann Gulch Disaster. Administrative Science Quarterly. 38, 4: 628-652.

- WIRED (2004). Linux: Fewer Bugs Than Rivals. Retrieved from https://www.wired.com/2004/12/linux-fewer-bugs-than-rivals/.

鋼索上的管理課 ｜全新增訂版＋資安風險升級主題｜
——韌性與敏捷管理的洞見與實踐

The Leadership Tightrope
Best and Worst Practices of Agile and Resilient Management

吳明璋 Bright Wu ／著

Complex Chinese edition© 2018, 2024
by Briefing Press, a division of And Publishing Ltd.
All rights reserved.

書系｜使用的書In Action!　書號｜HA0088R
著　　者　吳明璋
行銷企畫　廖倚萱
業務發行　王綬晨、邱紹溢、劉文雅
總 編 輯　鄭俊平
發 行 人　蘇拾平

出　　版　大寫出版
發　　行　大雁出版基地
　　　　　www.andbooks.com.tw
　　　　　地址：新北市新店區北新路三段207-3號5樓
　　　　　電話：(02)8913-1005　傳眞：(02)8913-1056
　　　　　劃撥帳號：19983379　戶名：大雁文化事業股份有限公司

二版一刷　2024年9月
定　　價　480元
ISBN 978-626-7293-70-6

國家圖書館出版品預行編目 (CIP) 資料

鋼索上的管理課——韌性與敏捷管理的洞見與實踐｜吳明璋 著｜
二版｜新北市｜大寫出版｜大雁出版基地發行｜2024.09
332面｜14.8*20.9公分｜使用的書in Action!：HA0088R
ISBN 978-626-7293-76-8（平裝）

1.CST: 風險管理　2.CST: 災害應變計劃

494.6　　　　　　　　　　　　　　　113009621

in Action!
使用的書

in Action!
使用的書